DESCRIPTION

ET USAGE

DU CERCLE DE RÉFLEXION,

AVEC DIFFÉRENTES MÉTHODES

POUR CALCULER LES OBSERVATIONS NAUTIQUES.

PAR LE CHEVALIER DE BORDA,

Capitaine de Vaisseau, Chef de Division, et Membre des Académies royales des Sciences et de Marine.

DE L'IMPRIMERIE DE DIDOT L'AÎNÉ.

A PARIS,

Chez DIDOT FILS AÎNÉ = JOMBERT JEUNE, rue Dauphine.

M. DCC. LXXXVII.

AVANT-PROPOS.

Il y a environ douze ans que j'ai fait exécuter, pour la premiere fois, le cercle de réflexion dont je parle dans cet ouvrage. Depuis lors l'usage de cet instrument s'est étendu peu-à-peu dans la marine ; mais comme il n'est encore bien connu que d'un petit nombre de marins, j'ai cru qu'il seroit utile d'en donner une description détaillée, et d'expliquer avec une certaine étendue la maniere de s'en servir dans les observations nautiques. J'ai pensé en même temps que les marins seroient bien aises de trouver à la suite de cette description différentes méthodes pour calculer les observations que j'ai déja insérées dans la relation du voyage de la frégate *la Flore*, en 1772, et que je présenterai ici avec plus de détail, en y joignant les calculs des observations les plus usuelles.

Cet ouvrage sera divisé en trois chapitres.

Dans le premier, je décrirai d'abord le cercle de réflexion imaginé par M. Mayer, à qui l'on doit l'idée heureuse de cette espece d'instrument ; et après avoir montré que ce cercle, tel qu'il étoit sorti des mains de l'auteur, conservoit encore une partie des imperfections de l'octant, j'expliquerai les changements que j'ai faits à la premiere construction, et je donnerai une idée générale du nouvel instrument et des avantages de l'espece particuliere d'observation dont je l'ai rendu susceptible. Je ferai ensuite la description de toutes les parties qui le composent, et je fixerai les dimensions précises de chacune de ces parties.

Le second chapitre sera destiné à expliquer l'usage de cet instrument dans les observations nautiques. Je donnerai d'abord des moyens simples et faciles pour rectifier la position de la lunette et des miroirs, et pour vérifier la bonté de ces miroirs et des verres colorés : j'entrerai ensuite dans le détail de la pratique des observations.

Le troisieme chapitre contiendra les méthodes de calcul pour toutes les observations que l'on fait à la mer : j'y joindrai des tables qui serviront à faciliter ces calculs et à les simplifier.

Enfin je donnerai, dans un appendice, les démonstrations des formules de calcul employées dans le troisieme chapitre.

DESCRIPTION ET USAGE

DU CERCLE DE RÉFLEXION.

CHAPITRE PREMIER.

DESCRIPTION DU CERCLE DE RÉFLEXION.

Les savants et les artistes se sont beaucoup occupés dans ces derniers temps des moyens de perfectionner les instruments à réflexion dont se servent les navigateurs ; mais personne n'a fait un aussi grand pas dans cette recherche, que M. Tobie Mayer, professeur à Groningen. Ce célebre astronome a proposé de substituer à l'octant ordinaire, appellé *octant de Hadlei*, un cercle de réflexion qui a cet avantage singulier, qu'en multipliant les observations avec cet instrument on diminue toujours de plus en plus les erreurs qui viennent du défaut des divisions, et qu'il ne tient, pour ainsi dire, qu'à la patience de l'observateur que ces erreurs ne soient à la fin presque totalement détruites.

Je joins ici (*planche* 1, *fig.* 1) le dessein de ce cercle copié sur celui que M. Mayer a fait graver dans son livre intitulé *Theoria lunae*, etc. imprimé à Londres en 1767. Ce cercle a, comme l'octant de Hadlei, deux miroirs m et n qui ont les mêmes fonctions que dans l'ancien instrument, et qui sont placés de la même maniere, avec cette différence que le petit miroir n, au lieu d'être fixe sur le corps de l'instrument, est porté, ainsi que la lunette N, sur une alidade particuliere qui tourne sur le centre du cercle, et dont le mouvement est indépendant de celui de l'alidade du grand miroir. Voici la maniere dont on observe avec cet instrument.

Soient deux astres S et L dont on veut mesurer la distance apparente : on place d'abord l'alidade M sur un point déterminé A de la division, que je suppose, par exemple, être le point zéro. Ensuite laissant cette alidade fixe, et ne faisant mouvoir que l'alidade de la lunette, on fait, comme avec l'octant, l'observation du parallélisme des miroirs, c'est-à-dire qu'on détermine par observation le point du limbe où doit être portée l'alidade N pour que les deux miroirs se trouvent parallèles : ce qu'on obtient, comme l'on sait, en faisant coïncider dans le champ de la lunette les images directe et réfléchie d'un même objet éloigné quelconque. Cette observation étant achevée, on fixe à son tour l'alidade N et on dirige la lunette sur l'astre L. Desserrant ensuite l'alidade M du grand miroir, on la ramene du côté de l'œil vers B jusqu'à ce que l'image de l'astre S, réfléchie par les deux miroirs, entre dans la lunette et vienne toucher l'image de l'astre L vue directement à travers la partie non étamée du petit miroir : alors l'arc AB, parcouru par l'alidade M, donne l'angle apparent des deux astres.

Il est aisé de voir que l'observation que nous venons de décrire ne differe en rien de celle que l'on fait avec l'octant. Ainsi le cercle de réflexion n'a jusques-là aucune supériorité sur l'ancien instrument ; et même, si on se bornoit à cette seule observation, l'avantage seroit du côté de l'octant, dont le rayon est ordinairement plus grand que celui qu'on peut donner à un cercle de réflexion. Mais il n'en seroit pas de même si on faisoit plusieurs observations consécutives avec ce dernier instrument. En effet, supposons que, regardant le point B déja trouvé comme le point zéro de la division, on recommence une seconde opération absolument semblable à la premiere, c'est-à-dire qu'on fasse d'abord l'observation préparatoire du parallélisme des miroirs en portant l'alidade N du point H au point K, et ensuite l'observation du contact des images des deux astres en portant l'alidade M du point B au point C, il est clair qu'alors l'arc BC donnera aussi l'angle apparent des deux astres, et qu'ainsi l'arc total AC donnera le double de l'angle cherché, ou, ce qui est la même chose, que cet angle sera la moitié de AC. Il suit de là que s'il y a une erreur dans la division qui se trouve au point C, cette erreur sera divisée par 2, et n'influera que pour moitié seulement sur la valeur de l'angle observé. Par la même raison, si on fait encore une troisieme et une quatrieme opérations, toujours semblables à la premiere, l'erreur provenant des défauts de la division sera réduite au tiers, et ensuite au quart de celle qu'aura la derniere division sur laquelle l'alidade sera portée : ainsi l'erreur de l'angle observé diminuera de plus en plus à mesure qu'on multipliera les observations, et l'avantage du cercle sur l'octant deviendra toujours plus grand.

On objectera peut-être qu'en faisant aussi plusieurs observations avec l'octant on parviendroit également à corriger les erreurs qui viennent de la division : mais je répondrai que, dans les observations consécutives que l'on fait avec ce dernier instrument, l'alidade du grand miroir ne s'éloigne que très peu du point de la division où elle a été portée à l'instant de la premiere observation, et que l'erreur de cette division doit affecter de la même maniere chacune des autres observations.

Je remarquerai que, dans l'opération qui vient d'être décrite, on a supposé tacitement que les deux astres S et L sont toujours à la même distance l'un de l'autre, quoiqu'il arrive souvent que cette distance varie sensiblement dans l'intervalle d'une observation à l'autre : mais comme on peut toujours supposer que, dans la courte durée des observations, la variation est proportionnelle au temps, il est clair que si on marque l'heure de chaque observation, et qu'on divise la somme des heures et l'arc total que l'alidade aura parcouru, par le nombre des observations, on aura une distance moyenne des deux astres correspondante à l'heure moyenne des observations.

Je viens d'expliquer les avantages du cercle de réflexion de M. Mayer. Mais il reste encore dans cet instrument un défaut principal qui lui est commun avec l'octant, et qui produit souvent des erreurs plus grandes que celles qui viennent des imperfections de la division. Voici en quoi il consiste.

On vient de voir que l'observation d'une distance de deux astres est toujours précédée d'une observation préparatoire par laquelle on rend les deux miroirs paralleles entre eux. Cette observation préparatoire se fait ordinairement en prenant pour objet de vérification l'horizon de la mer dont on fait coïncider les deux images directe et réfléchie. Mais les marins savent combien ce moyen est incertain.

En effet, si on observe le contact des images avec une lunette, il arrive qu'aussitôt que ces images viennent à se rapprocher, on ne les distingue plus que très difficilement l'une de l'autre, et qu'on ne peut plus alors être sûr du point où elles se confondent ; et si, pour éviter cet inconvénient, on fait l'observation sans lunette, on perd l'avantage du grossissement des objets.

Il y a, à la vérité, une autre maniere plus exacte de faire cette vérification, qui consiste à observer le contact des deux images du disque du soleil ; mais elle a le défaut de fatiguer les yeux de l'observateur d'autant plus qu'elle est répétée chaque fois qu'on mesure la distance des deux astres : d'ailleurs comme il seroit difficile qu'un cercle fût exécuté avec assez de précision pour que les deux miroirs étant paralleles dans une position des alidades, pussent l'être dans toutes les autres positions, on seroit souvent obligé de toucher au rappel du petit miroir pour mettre la ligne des centres des deux images dans un plan parallele à celui de l'instrument ; ce qui rendroit encore les observations longues et laborieuses : et enfin le cercle de réflexion de M. Mayer a, dans tous les cas, le défaut d'exiger deux observations pour ne donner qu'un résultat.

L'auteur avoit senti cet inconvénient de son instrument, et c'est pour cela, sans doute, qu'il avoit proposé dans son ouvrage de fixer sur une des alidades du cercle une piece transversale telle que, l'autre alidade venant à s'appuyer contre l'extrémité de cette piece, les deux miroirs se trouvassent alors exactement paralleles. Mais il est aisé de voir que, même en se servant de ce moyen, on seroit toujours obligé, avant de commencer les opérations, de vérifier si les miroirs ont la position requise, et qu'il faudroit par conséquent faire l'observation préparatoire du parallélisme. Or il est clair que l'erreur qu'on commettroit dans cette observation affecteroit toutes les opérations suivantes.

On voit, par ce que je viens de dire, que le cercle de M. Mayer, tel qu'il a été donné par l'auteur, conserve encore une partie des imperfections de l'octant ; on remarquera même qu'il est d'un usage plus embarrassant en ce qu'il multiplie le nombre des opérations, et c'est sans doute par cette raison qu'il n'avoit point été adopté par les marins : mais il étoit possible de corriger ces défauts et de donner à l'instrument une supériorité très marquée sur tous les instruments à réflexion connus ; et c'est ce que j'ai obtenu par un moyen fort simple dont je vais rendre compte.

J'ai remarqué que dans les observations que l'on fait, soit avec le cercle de M. Mayer (voyez *fig.* 1), soit avec l'octant, on recevoit toujours du même côté de la lunette, savoir, du côté droit, l'image de l'astre vu par réflexion ; mais il est clair qu'en laissant entre la lunette et le petit miroir un espace suffisant pour le passage des rayons, on peut aussi faire venir cette image du côté gauche comme dans la *fig.* 2. Or on va voir qu'en combinant ces deux manieres d'observer le contact, on peut supprimer l'observation préparatoire du parallélisme.

Soit donc (*fig.* 2) le même cercle de M. Mayer dans lequel je suppose qu'on ait reculé l'objectif de la lunette un peu en arriere du grand miroir, et qu'on ait porté le petit miroir jusqu'auprès du limbe afin de laisser un grand intervalle entre le petit miroir et la lunette. Cela posé, soient S et L deux astres dont on veut mesurer la distance.

On commencera par fixer l'alidade du grand miroir sur un point déterminé A de la division, par exemple, sur le point zéro : on dirigera ensuite la lunette sur l'astre L qui est à droite; et, sans toucher à l'alidade du grand miroir, on fera mouvoir celle de la lunette jusqu'à ce que l'image de l'astre S, venant par la gauche, vienne coïncider dans le champ de la lunette avec l'image de l'astre L vu directement. Lorsque cette premiere partie de l'observation sera achevée, on fixera l'alidade de la lunette et on fera tourner l'instrument en entier dans son plan pour diriger la lunette sur l'astre S; ensuite desserrant l'alidade du grand miroir, on la portera du côté de l'œil vers B jusqu'à ce que les deux images se trouvent encore une seconde fois en contact; et je dis qu'alors la moitié de l'arc AB donnera la distance des deux astres. En effet, si on considere les positions successives qu'a prises le grand miroir pendant qu'il a passé du point A au point B, on verra qu'il y a eu nécessairement un instant où les deux miroirs se sont trouvés paralleles. Soit b le point où étoit alors l'alidade; il est clair que l'arc Ab décrit par l'alidade, depuis le point A où l'on avoit observé le premier contact jusqu'au point b du parallélisme des miroirs, ainsi que l'arc bB que cette alidade a parcouru depuis le point b du parallélisme jusqu'au point B où on a observé le second contact, marqueront également l'un et l'autre l'angle apparent des deux astres; d'où il suit que la moitié de l'arc total AB donnera cet angle. On voit donc que, sans faire l'observation du parallélisme, on sera parvenu à trouver l'angle cherché, et qu'on aura obtenu un double résultat par une double observation, au lieu qu'il en auroit fallu quatre en employant la méthode de M. Mayer. On voit aussi que si on répétoit plusieurs fois les observations que nous venons de décrire, en partant toujours du dernier point où est l'alidade, comme du zéro de la division, on auroit, après quatre observations, un arc AC quadruple de l'angle des deux astres; après six observations un angle sextuple, et ainsi de suite : de maniere que cet angle seroit toujours égal à l'arc total parcouru par l'alidade du grand miroir divisé par le nombre d'observations. Ainsi, au moyen de cette nouvelle disposition des pieces de l'instrument, et employant ma maniere de faire les observations, l'erreur de l'observation du parallélisme des miroirs est totalement supprimée, et le nombre des opérations est diminué de moitié.

On doit remarquer que, dans le procédé que nous venons d'expliquer, on a supposé que la lunette de l'instrument étoit dirigée alternativement sur les deux astres S et L : mais on sait que lorsqu'on observe les distances de la lune aux astres avec un instrument à réflexion quelconque, on est assujetti à recevoir par réflexion l'image de celui des deux astres qui a le plus de lumiere, savoir, l'image du soleil lorsqu'on mesure les distances du soleil à la lune, et l'image de la lune lorsqu'on mesure les distances de la lune aux étoiles. Il est donc nécessaire de corriger à cet égard notre maniere d'opérer ; et cela est fort aisé en se servant du moyen usité dans les observations de l'octant, qui consiste à renverser l'instrument pour changer la position respective des deux astres par rapport aux deux miroirs. Ainsi, dans notre exemple, S étant le soleil et L la lune, au lieu de diriger la lunette sur le soleil pour faire la seconde obser-vation, on la dirigera sur la lune comme dans la premiere observa-tion ; on fera ensuite tourner l'instrument autour de l'axe HO de la lunette, pris comme axe de mouvement, jusqu'à ce qu'il ait fait une demi-révolution, et alors l'alidade M étant portée de A vers B, l'image du soleil se réfléchira sur les miroirs, de la même maniere que l'image de la lune s'y seroit réfléchie si on avoit pu diriger la lunette sur le soleil et qu'on eût tenu l'instrument dans sa premiere position.

J'appellerai dans la suite *observation à droite* celle dans laquelle les rayons de l'astre réfléchi viennent par la droite, comme dans les observations de l'octant et dans celles de M. Mayer ; *observation à gauche,* celle dans laquelle l'image réfléchie vient par la gauche, comme dans la *figure* 2 ; et *observations croisées,* les deux observa-tions successives, l'une à droite et l'autre à gauche, qui servent à supprimer l'observation préparatoire du parallélisme des miroirs.

Je viens de faire voir qu'on ajoute un nouveau degré de perfec-tion très remarquable à l'instrument de M. Mayer en éloignant seu-lement le petit miroir de la lunette et faisant usage de ma nouvelle maniere de faire les observations. Il me reste maintenant à donner la description de l'instrument que j'ai composé d'après cette idée principale, et d'expliquer la disposition et l'usage des pieces qui entrent dans sa construction.

On voit le dessein de cet instrument dans la *planche II, fig.* 1 et 2 : le corps de l'instrument est taillé dans une seule piece de cuivre. Le noyau PO (*fig.* 1 et 2) qui est au centre, et qui a le même diametre que la partie circulaire des deux alidades, tient aux six rayons R, R, R, etc. lesquels vont en diminuant de largeur depuis le noyau jusqu'au limbe, et sont, outre cela, formés en biseau sur les côtés, comme on le voit par la *fig.* 6 qui est une section en tra-vers prise sur un des points R. Ces six rayons aboutissent à une espece de regle de champ circulaire *a a* (*figure* 2) qui regne dans toute la circonférence de la partie intérieure du limbe et sert à le fortifier ; les surfaces supérieures du noyau et des six rayons forment un même plan avec le limbe, et leurs surfaces inférieures en forment un parallele au premier avec la surface inférieure de la regle de champ. Au centre du cercle est fixée en dessous une piece *dd* (*fig.* 2) façonnée en vis extérieurement, et destinée à recevoir un manche Q par lequel on tient l'instrument.

Le limbe est divisé en 720°; chaque degré l'est en trois parties; et les *nonius*, ou *verniers* des deux alidades, donnent les minutes.

Le grand miroir A (*fig.* 1) est placé au centre de l'instrument sur l'alidade EF, et fait un angle d'environ 30° avec la ligne du milieu de cette alidade : la base de la monture du miroir est échancrée en rond pour laisser une place suffisante à la piece de recouvrement *c* (*fig.* 1) qui couvre le centre : elle est assujettie sur l'alidade par quatre vis qui servent à rectifier la position du miroir sur l'instrument. Ces vis sont à tête quarrée et saillante, et on les fait tourner par le moyen de la clef représentée dans la *fig.* 5.

La monture du petit miroir B (*fig.* 1 et 2) est fixée sur la seconde alidade, et a été portée aussi près du limbe qu'il a été possible, afin de laisser un plus grand passage aux rayons venant par la gauche : elle est à-peu-près de la même forme que dans les octants, et fournit les mêmes moyens de rectification. La base inférieure est fixée sur l'alidade par un petit pied cylindrique qui la traverse, et par trois vis qui ont un peu de jeu et permettent de rectifier la position du miroir par rapport à la lunette. Comme dans certaines observations les rayons de l'astre réfléchi traversent le petit miroir avant de parvenir au grand, on a taillé les côtés du petit miroir dans une direction parallele à la ligne des centres AB, afin qu'il y ait alors moins de lumiere interceptée.

La lunette GH est fixée sur l'alidade qui porte le petit miroir et est assujettie dans une direction toujours constante par rapport à ce miroir. Elle est tenue en deux points par deux oreilles qui entrent dans les rainures des montants I et K (*fig.* 1 et 2): dans chaque montant il y a un rappel pour rapprocher ou éloigner la lunette du plan de l'instrument, suivant qu'on veut que la lumiere de l'astre réfléchi tombe plus ou moins sur la partie étamée du miroir. Ces rappels servent aussi à placer la lunette dans une position parallele au plan de l'instrument au moyen des divisions qui sont tracées sur la partie extérieure de chaque montant.

Il y a au foyer de la lunette deux fils paralleles dont l'intervalle est à-peu-près égal à trois fois le diametre apparent du soleil. Ces fils doivent être placés parallèlement au plan de l'instrument lorsqu'on fait les observations ; et, pour pouvoir toujours leur donner cette position, on a tracé deux reperes, l'un sur la partie supérieure du tuyau de la lunette, et l'autre sur le porte-oculaire.

Les deux alidades FE et GB tournent sur le centre et indépendamment l'une de l'autre. Celle du grand miroir est portée par un collet qui fait partie du centre, et qu'on voit *fig.* 2; elle est serrée sur ce collet par la piece de recouvrement *e* (*fig.* 1) qui est fixée par trois vis sur la tête du centre. La seconde alidade est contenue entre la surface inférieure du même collet et le plan de l'instrument; elle est serrée en dessous par une vis de tirage (voy. *fig.* 2). Chaque alidade porte un vernier et un rappel.

Les verres colorés ne tiennent point à l'instrument comme dans l'octant : on en emploie de deux especes. Les petits, qui sont représentés dans la *fig.* 3, se placent dans la piece C ou dans la piece D (*fig.* 1 et 2) : mais, dans cette derniere position, ils ne servent que pour des observations particulieres ou pour des vérifications dont nous parlerons dans la suite. Les grands verres représentés (*fig.* 4) se placent devant le grand miroir et dans les pieces *q q* (*figure* 1). Les uns et les autres sont assujettis dans leurs loges par des vis de pression.

Il est bon d'avoir quatre verres colorés de chaque espece : ceux de la *fig.* 3 doivent être de même opacité graduelle que les verres dont on fait usage dans les octants ; mais il faut que les seconds aient une teinte deux fois plus foible, parcequ'ils sont traversés deux fois par les rayons de l'image réfléchie, au lieu que les premiers ne le sont qu'une fois.

Les trous dans lesquels entrent les queues des verres colorés sont un peu obliques au plan de l'instrument ; et ces verres, étant à leur place, inclinent d'environ 5° vers le petit miroir. Cette inclinaison a pour objet d'empêcher que les images blanches réfléchies par la surface antérieure des verres colorés n'entrent dans la lunette en même temps que les images colorées dont elles affoibliroient la vivacité.

Il est nécessaire que nous entrions ici dans quelques détails sur l'usage de ces deux especes de verres colorés. On doit voir d'abord que ceux de la *figure* 3, placés en C, peuvent, dans certains cas, intercepter une partie de la lumiere de l'image réfléchie. En effet si, par le centre A (*fig.* 1) et par les bords SS de la monture d'un de ces verres, on mene les lignes indéfinies AM et AN, toutes les fois que l'astre vu par réflexion se trouvera dans l'espace angulaire MAN, ses rayons, avant de parvenir au grand miroir, rencontreront ou la monture du verre, ou le verre lui-même ; ce qui rendra l'observation imparfaite. Or on trouve, par les positions que j'ai données à ces parties de l'instrument, que l'angle MAN est environ de 28° 40', et qu'en tirant AL parallele à l'axe GHB de la lunette, l'angle NAL est égal à 5° 20'. Il suit de là que lorsqu'on fait une *observation à gauche*, et que l'angle observé est entre 5° 20' et 34°, on ne peut pas employer les verres de la *fig.* 3. Il n'en est pas de même de ceux de la *fig.* 4, qui, étant placés devant le grand miroir, ne gênent jamais les observations et peuvent servir dans tous les cas, quels que soient les angles observés. Mais, d'un autre côté, les défauts de ces derniers verres peuvent donner de plus grandes erreurs dans les observations : 1°. parceque ces verres sont traversés deux fois par les images réfléchies, au lieu que les autres ne le sont qu'une fois ; 2°. parceque l'incidence des rayons sur leurs surfaces est quelquefois très oblique, au lieu qu'elle est toujours à-peu-près perpendiculaire sur les verres placés en C. D'après cela on ne doit faire usage des verres de la *fig.* 4 que lorsqu'il n'est pas possible de se servir de ceux de la *figure* 3, c'est-à-dire lorsque l'angle observé est entre 5° 20' et 34°. Nous remarquerons, au reste, que les distances de la lune au soleil, qu'on observe à la mer pour déterminer les longitudes, sont comprises ordinairement entre 40° et 120°, et que celles de la lune aux étoiles sont rarement au-dessous de 34° : ainsi on pourra se servir des verres de la *fig.* 3 à-peu-près pour toutes les observations des longitudes, et ce sont les observations qui exigent le plus de précision et sont les plus intéressantes pour les navigateurs.

Indépendamment des verres colorés, on fait encore usage, et principalement dans les observations d'objets terrestres, de la piece *figure* 5 que j'appelle *ventelle*, qui est percée d'une fenêtre *a b c* : la queue *t t* de cette piece porte un petit ressort qui la tient à frottement dans la loge D où elle se place, et qui sert à hausser ou baisser la ventelle à volonté, suivant qu'on veut augmenter ou diminuer la quantité de lumiere de l'objet vu directement pour la rendre égale à celle de l'objet vu par réflexion.

Enfin la *fig.* 7 représente une piece dont on ne se sert que pour certaines vérifications dont nous parlerons dans la suite : il faut en avoir deux pareilles et exactement de la même hauteur. Cette hauteur doit être égale, à-peu-près, à la distance depuis le centre du grand miroir jusqu'au plan de l'instrument. J'appelle ces deux pieces *des viseurs*.

Ce que je viens de dire suffit pour bien faire entendre aux marins la construction de cet instrument ; mais ce ne seroit pas assez pour guider les artistes qui voudroient en exécuter de pareils. Je vais en conséquence donner un état des dimensions précises de chaque partie de l'instrument, avec la position exacte de toutes les pieces.

Corps de l'instrument.

Diametre du cercle pris dans le milieu des divisions tracées ^{lignes.} sur le limbe, 10 pouces, ou 120

Largeur *ee* du limbe (*fig.* 1) 6

Largeur *gg* de la partie supérieure des rayons contre le limbe. . . . . $2\frac{1}{2}$

Largeur des mêmes rayons au point O contre le noyau de l'instrument. . . . . $3\frac{1}{2}$

Ces rayons seront taillés en biseau comme on voit *fig.* 6. La largeur inférieure des rayons sera d'une ligne seulement contre le limbe, et de deux lignes contre le noyau.

Diametre du noyau PO (*fig.* 1). 19

Epaisseur du limbe. 1

Épaisseur *a* de la regle de champ (*fig.* 2) 1

Hauteur de la regle de champ, y compris l'épaisseur du limbe, ce qui est en même temps l'épaisseur du noyau ainsi que celle des rayons. . . . . $3\frac{1}{2}$

Centre de l'instrument.

Diametre de la partie supérieure du centre qui entre dans l'alidade du grand miroir. 6

Diametre extérieur du collet sur lequel porte l'alidade du grand miroir 8

Épaisseur de ce collet. . . . . $\frac{3}{4}$

Diametre de la piece de recouvrement *e* (*fig.* 1) 8

Alidade du grand miroir.

Diametre PO (*fig.* 1) de la partie circulaire de l'alidade qui porte le miroir. 19

Largeur de l'alidade au point E où elle rencontre la partie circulaire. 10

Largeur de cette alidade dans la partie la plus étroite F auprès du limbe. 8

Épaisseur de l'alidade. 1

Alidade du petit miroir.

Distance AB du centre de l'instrument au centre de la mon- lignes.
ture du petit miroir. 40
Distance AX du même centre jusqu'à l'axe GHX de la
lunette. . . . . $13\frac{1}{2}$
Diametre de la base de la monture du petit miroir. 10
Largeur de la partie $h\,h$ de l'alidade qui porte la lunette. . 10
Épaisseur de l'alidade 1

La partie de cette alidade qui est au centre sera circulaire
et aura dix-neuf lignes de diametre, ainsi que la partie circulaire de l'alidade du grand miroir et le noyau. La partie $m\,m$
sera dirigée vers le centre.

Grand miroir.

Longueur du grand miroir, y compris l'épaisseur de la boîte
dans laquelle il est renfermé. 19
Hauteur du même miroir. 10

La partie inférieure du grand miroir doit être au niveau de
la surface supérieure de la piece C destinée à recevoir les verres
colorés de la *fig.* 3.

Le grand miroir sera placé sur le centre de l'instrument de
maniere que les deux tiers à-peu-près de l'épaisseur de la glace
se trouvent en avant du centre vers le petit miroir, et l'autre
tiers en arriere.

Petit miroir.

Largeur du petit miroir. 7
Hauteur 10
Hauteur totale des deux bases de la monture, y compris le
jour qui est entre elles deux. . . . . $3\frac{3}{4}$

Le miroir sera étamé sur la moitié de sa hauteur, et la boîte
dans laquelle il sera renfermé ne montera pas tout-à-fait jusqu'à la ligne de l'étamure, afin que, dans aucun cas, cette boîte
ne puisse intercepter la lumiere directe des objets.

Les côtés du miroir seront taillés obliquement ainsi que je
l'ai déja dit pag. 11.

Ce miroir sera placé sur le centre de sa monture de maniere
que les deux tiers de l'épaisseur de la glace soient en avant du
centre vers le grand miroir, et l'autre tiers en arriere.

La position de la base du petit miroir doit être telle qu'en
plaçant dans la rainure de la piece C un des verres colorés $b\,b$

de la *fig.* 3, et regardant le petit miroir dans la direction GH de l'axe de la lunette (*fig.* 1), le centre du verre coloré *bb* vienne se peindre sur le centre du petit miroir : alors on fixera la monture et on percera les trous des vis qui doivent l'assujettir sur l'alidade, en observant néanmoins de laisser un peu de jeu à ces trous de vis pour pouvoir corriger ensuite la position de la monture si elle ne se trouve pas suffisamment exacte.

Verres colorés.

lignes.

Largeur *bb* des montures des petits verres (*fig.* 3) . . . . . . $9\frac{1}{2}$

Hauteur *bc* des montures. 10

Longueur *fg* des queues . . . . $3\frac{3}{4}$

Largeur *eg*. 4

Épaisseur des montures. 1

On donnera à ces verres le plus grand diametre qu'il sera possible, en conservant toujours la largeur *bb* qui doit être exactement de 9 lignes $\frac{1}{2}$. Le diametre du passage de la lumiere pourra aisément être de 7 lignes.

Largeur *bb* des montures des verres (*fig.* 4) 19

Hauteur *bc*. 10

Diametre *hh* des verres. 9

Longueur *de* des queues 3

Largeur *eg*. . . . . $2\frac{1}{2}$

Épaisseur des montures. 1

Lunette.

Distance focale de l'objectif, environ 45

Distance focale de l'oculaire, environ. 12

Ouverture de l'objectif . . . . $3\frac{1}{4}$

Diametre extérieur du corps de la lunette 8

On mettra au foyer de la lunette deux fils paralleles éloignés l'un de l'autre d'environ . . . . $1\frac{1}{5}$

Le diaphragme sur lequel les fils seront fixés, n'aura d'ouverture que la quinzieme partie de la distance focale, c'est-à-dire 3

Distance depuis le centre du petit miroir jusqu'à l'objectif de la lunette 49

Rappels de la lunette.

Distance depuis le centre du petit miroir jusqu'au centre du premier rappel K (*fig.* 1) 57

Distance

lignes.

Distance des centres des deux rappels K et I. 36

La longueur des vis de rappel et les proportions de leurs montures doivent être telles, qu'après avoir placé l'axe de la lunette à 8 lignes $\frac{3}{4}$ au-dessus du plan de l'alidade du petit miroir, cette lunette puisse avoir deux lignes de mouvement au-dessus et au-dessous de ce point. Les divisions tracées sur les côtés des montants seront à un sixieme de ligne de distance les unes des autres, et il y en aura vingt-quatre sur chaque montant. Le zéro de la division répondra au point où l'axe de la lunette est à 8 lignes $\frac{3}{4}$ au-dessus de l'alidade du petit miroir. Nous expliquerons dans la suite la maniere de rendre les divisions des deux rappels correspondantes l'une à l'autre, afin qu'en mettant la lunette sur la même division dans les deux rappels, l'axe de vision se trouve parallele au plan de l'instrument.

Pieces pour placer les verres colorés.

Le milieu de la rainure de la piece C (*fig.* 1) qui doit recevoir les verres colorés de la *fig.* 3 doit être placé exactement sur la ligne AB qui joint les centres des deux miroirs, et la distance, depuis le centre de l'instrument jusqu'au milieu de la rainure, doit être de 19

Hauteur du point C (*fig.* 2) au-dessus du plan de l'alidade. . . . . $3\frac{3}{4}$

Le milieu de la piece D (*fig.* 1) doit être placé sur le prolongement de l'axe GH de la lunette, et cette piece doit être très près de la monture du petit miroir, mais sans la toucher.

Hauteur du point D (*fig.* 2) au-dessus du plan de l'alidade du petit miroir . . . . $5\frac{1}{2}$

Les pieces *q* et *q* (*fig.* 1) qui reçoivent les verres colorés de la *fig.* 6 seront placées le plus près possible de la monture du grand miroir, mais sans la toucher; l'alidade sera percée au-dessous des rainures dans toute leur étendue, de maniere que les queues de la monture entrent dans les rainures de toute leur longueur, qui est de 3 lignes. Ces queues seront tenues par des vis de pression collatérales comme on le voit (*fig.* 1).

Les rainures des pieces C, D, *q* et *q*, seront percées obliquement au plan de l'instrument, de maniere que les verres colorés, étant à leur place, inclinent environ de 5° vers le petit miroir.

C

Ventelle.

lignes.

Hauteur *m m* de la ventelle (*fig.* 7) 10
Largeur *m n* 10
Base *c b* de la petite fenêtre S . . . . 3 ½

Les côtés *a b* et *a c* seront des arcs de cercle décrits des points *c* et *b*.

Il faut que cette ventelle étant mise à son point le plus bas dans la rainure de la piece D, le point *a* de la fenêtre se trouve au niveau, ou un peu au-dessous, de la ligne d'étamure du petit miroir.

Viseurs.

On aura deux viseurs pareils à ceux de la *fig.* 11 : la hauteur *a b* sera exactement la même dans les deux viseurs, et à-peu-près de. 10

CHAPITRE II.

De l'usage du cercle de réflexion.

Je viens de donner une idée générale de la maniere de faire les observations avec le cercle de réflexion, je vais maintenant expliquer avec détail la pratique même des observations ; mais auparavant il est nécessaire que j'enseigne à rectifier les différentes pieces de l'instrument et à vérifier la bonté des miroirs et des verres colorés.

Position du petit miroir par rapport à la lunette.

L'inclinaison de la surface du petit miroir, par rapport à l'axe de la lunette, doit être telle, qu'après avoir placé en C un des petits verres colorés de la *fig.* 3, aucun des rayons réfléchis par le grand miroir ne puisse parvenir au petit miroir, et ensuite à la lunette, sans avoir auparavant traversé le verre coloré. Pour connoître si le petit miroir a cette inclinaison, on fera l'opération suivante. On placera d'abord la ventelle de la *fig.* 5 dans sa loge en D, et on l'abaissera entièrement pour intercepter toute lumiere directe. Ensuite, faisant tourner l'alidade du grand miroir, on examinera s'il paroît dans la lunette quelque image blanche réfléchie par le grand miroir. Si toutes les images qui se peignent dans la lunette sont colorées, le miroir aura la position requise : mais si elles ne le sont pas, on desserrera les vis qui assujettissent la monture du petit miroir sur l'alidade, on fera ensuite tourner cette monture sur son pied cylindrique jusqu'à ce que les images blanches aient disparu, et alors le petit miroir aura la position qu'il doit avoir ; il ne restera plus qu'à le fixer dans cette nouvelle position par le moyen des vis.

Perpendicularité du grand miroir.

Pour rendre le grand miroir perpendiculaire au plan de l'instrument, on placera sur le limbe, et aux extrémités d'un diametre TY, les deux viseurs de la *fig.* 7 ; ensuite l'œil étant placé vers le point *e*, à-peu-près à la hauteur de la surface supérieure des viseurs, et regardant par le bord du miroir le viseur qui est au point T, on fera mouvoir l'alidade du grand miroir jusqu'à ce que l'image du viseur qui est le plus près de l'œil vienne se peindre dans le miroir et paroisse placée à côté du second viseur vu directement. Alors si les deux lignes supérieures des deux viseurs paroissent ne former qu'une même ligne droite, le grand miroir sera perpendiculaire au plan de l'instrument; mais si les deux lignes font un ressaut, le miroir sera incliné sur ce plan, et il faudra l'ajuster, par le moyen des vis qui le fixent sur l'alidade, jusqu'à ce qu'on n'apperçoive plus aucune différence dans les hauteurs des deux viseurs.

On peut encore faire cette vérification d'une maniere plus simple et sans employer les viseurs. Pour cela, après s'être placé en face du grand miroir, on y regardera l'image réfléchie de la partie du limbe qui est voisine de l'œil. Si les bords de cette image réfléchie ne paroissent faire qu'une ligne circulaire avec les parties du limbe qu'on voit directement à droite et à gauche du miroir, on en conclura que le miroir est perpendiculaire au plan de l'instrument ; mais si les deux lignes ne se raccordent pas, on touchera aux vis de rappel comme ci-dessus.

Le miroir ayant été ainsi placé dans une position perpendiculaire au plan de l'instrument, on essaiera si, en transportant l'alidade sur quelque autre point du limbe, et faisant l'observation par rapport à un autre diametre, le miroir conserve encore sa position perpendiculaire : s'il ne la conserve pas, ce sera une preuve que l'alidade ne tourne pas, comme elle le devroit, dans un plan parallele à celui de l'instrument ; alors, comme il ne sera pas possible de corriger ce vice d'exécution de l'instrument, il faudra chercher par tâtonnement une position moyenne du miroir dans laquelle les erreurs soient les plus petites possibles.

Perpendicularité du petit miroir.

On donnera cette position au petit miroir par un des moyens suivants.

On dirigera d'abord la lunette sur quelque point bien distinct de la mâture du vaisseau, par exemple sur le bout d'une vergue, en tenant l'instrument dans une position à-peu-près verticale ; ensuite on fera mouvoir l'alidade du grand miroir jusqu'à ce que l'image réfléchie de l'objet vienne passer sur l'image directe. Si, dans ce mouvement, les deux images viennent à passer exactement l'une sur l'autre de maniere que la premiere ne déborde pas la seconde, alors les deux miroirs seront paralleles en ce point, et, puisqu'on a supposé déja que le grand miroir étoit perpendiculaire au plan de l'instrument, le petit miroir le sera aussi : si l'image réfléchie passe en dehors ou en dedans de l'image directe, on rappellera le miroir par les vis de la base supérieure de la monture.

On pourra faire aussi cette opération en observant l'horizon de la mer : pour cela on tiendra d'abord l'instrument dans une situation verticale, et l'on fera coïncider dans la lunette les deux images de l'horizon ; ensuite on inclinera l'instrument jusqu'à ce qu'il devienne presque horizontal ; et si, dans ce mouvement, les images ne se séparent pas, ce sera une preuve que les miroirs sont parallèles entre eux.

Enfin cette vérification se fera pendant la nuit par l'observation de quelque étoile brillante dont on fera coïncider l'image directe avec l'image réfléchie. Au reste nous remarquerons qu'excepté dans le cas où on observe de très petits angles, l'exacte perpendicularité des miroirs n'est pas nécessaire, et que, par exemple, une erreur de 5' dans leur position n'est d'aucune conséquence lorsque les angles mesurés sont plus grands que deux degrés.

Position de l'axe de la lunette par rapport au plan de l'instrument.

La lunette doit être ajustée dans ses montants K et L de maniere qu'après avoir mis les deux rappels sur la même division l'axe de la lunette soit parallele au plan de l'instrument, ou, ce qui est la même chose, que les images des objets éloignés qui sont dans le plan de l'instrument viennent se peindre au milieu de l'intervalle des deux fils placés au foyer de l'objectif. On reconnoîtra si l'ajustement est tel qu'il doit être par l'opération suivante qu'on pourra faire dans la grand' chambre du vaisseau. Après avoir assujetti l'instrument sur un endroit fixe, on placera à douze pieds de distance au moins un objet bien distinct qui soit à-peu-près dans le plan de l'instrument ; on mettra ensuite sur le limbe vers T et vers Y les deux viseurs de la *figure* 7 qu'on dirigera sur cet objet, et on calera l'instrument jusqu'à ce que l'objet paroisse dans une ligne passant par les surfaces supérieures des deux viseurs ; enfin on fera mouvoir l'alidade de la lunette jusqu'à ce que le même objet vienne se peindre au foyer de la lunette : et alors si l'image paroît sensiblement dans le milieu de l'intervalle des deux fils, et qu'en même temps les deux rappels se trouvent exactement sur la même division, l'ajustement des divisions sera tel qu'il doit être ; mais si l'image est plus près d'un fil que de l'autre, on la ramenera au milieu de l'intervalle par le moyen des rappels, et alors la différence qui se trouvera entre les divisions marquées par les deux rappels sera l'erreur de l'ajustement : ainsi tenant compte de cette erreur, il sera toujours facile, lorsqu'on fera des observations, de placer la lunette dans la position qu'elle doit avoir.

Vérification du parallélisme des surfaces du grand miroir.

Cette vérification doit se faire à terre. Pour cela on choisira deux objets éloignés et bien distincts, dont l'angle ou la distance apparente soient très grands, comme, par exemple, de 120°; ensuite, après s'être bien assuré de la perpendicularité des miroirs et de la position de l'axe de la lunette, on mesurera l'angle des deux objets en faisant de suite un grand nombre d'observations croisées et ayant attention que le contact des images tombe toujours dans le milieu de l'intervalle des deux fils. Ces premieres observations étant faites, on ôtera le grand miroir de la boîte qui le renferme, et on le retournera de maniere que le côté qui étoit le plus près de la lunette en soit maintenant le plus éloigné. Après cela, ayant une seconde fois rectifié la position des miroirs, on mesurera de nouveau l'angle des deux objets en faisant le même nombre d'observations croisées que ci-devant : et si, dans cette seconde opération, on trouve le même résultat que dans la premiere, ce sera une preuve que les deux surfaces du miroir sont paralleles ; mais si le résultat n'est pas le même, le miroir sera prismatique, et la moitié de la différence des deux angles trouvés sera l'erreur qui convient à l'angle mesuré.

Supposons, par exemple, qu'on ait fait dix observations dans chaque opération, et qu'on ait trouvé par les premieres 1219° 10′, et par les secondes 1219° 23′ : on divisera ces deux quantités par 10, et on aura pour la premiere mesure 121° 55′, et pour la seconde 121° 56′ 18″, dont la différence 1′ 18″ sera le double de l'erreur du miroir : d'où l'on voit que l'angle marqué par l'instrument étoit trop petit de 39″ dans la premiere position du miroir, et trop grand de la même quantité dans la seconde.

Connoissant ainsi l'erreur du miroir pour l'angle de 120°, on trouvera aisément, par le moyen de la table VI, celles qui conviennent à tous les autres angles.

Supposons par exemple qu'on veuille, d'après l'expérience précédente, trouver l'erreur qui convient à l'angle de 90° mesuré par une observation croisée ; on fera cette proportion :

L'erreur marquée par la 3ᵉ colonne de la table pour l'angle de 121° 55′, mesuré par des observations croisées (c'est-à-dire 1′ 38″), est à l'erreur marquée dans cette même colonne pour 90° (c'est-à-dire 32″) comme l'erreur de 39″, qu'on suppose donnée par l'expérience, est à un quatrieme terme 13″, qui sera l'erreur du miroir pour l'angle de 90°.

On pourra déterminer de la même maniere les erreurs pour tous les autres angles, et faire ainsi une table particuliere des erreurs de ce miroir, non seulement pour les observations croisées, mais encore pour les observations à droite et à gauche.

Nous ferons remarquer ici que les erreurs sont beaucoup plus petites dans les observations croisées que dans les observations à droite, qui sont celles que l'on fait avec l'octant; ainsi le cercle de réflexion a encore à cet égard un grand avantage sur l'ancien instrument.

Parallélisme des surfaces des verres colorés.

On se servira, pour la vérification des verres noirs, de l'observation du disque du soleil, ainsi qu'on va l'expliquer. Ayant mis d'abord l'alidade du grand miroir sur le point zéro, on placera dans leurs loges, en C et en D (*planche 2, fig. 1*), les deux verres noirs les plus opaques; ensuite, dirigeant la lunette sur le soleil, on fera mouvoir son alidade jusqu'à ce qu'on observe dans la lunette le contact des deux disques. Cette premiere opération étant faite, on retournera dans sa loge le verre noir placé en C de maniere qu'il présente sa seconde surface au petit miroir; et si, en dirigeant de nouveau la lunette sur le soleil, les deux disques se touchent encore, ce verre noir aura ses surfaces paralleles, du moins dans le sens parallele au plan de l'instrument, ce qui sera suffisant : mais si les deux disques se sont éloignés, ou s'ils mordent l'un sur l'autre, on fera mouvoir l'alidade du grand miroir pour ramener les images au contact, et alors la moitié de l'angle marqué par l'alidade sera l'erreur qui vient du défaut de parallélisme des surfaces. Si on veut connoître cette erreur avec plus de précision, on fera une seconde et une troisieme opérations pareilles à la premiere, en partant du point où est actuellement l'alidade; et alors en prenant le quart ou la sixieme partie de l'angle qui sera marqué par cette alidade, suivant qu'on aura fait quatre ou bien six observations, on aura plus exactement l'erreur cherchée.

Le verre coloré placé en C étant ainsi vérifié, on fera la même opération sur celui qui est en D; on vérifiera ensuite de la même maniere le 3ᵉ verre avec le second, comme aussi chacun des verres de la *fig.* 4 placés en *qq* avec un des petits verres placés en D, et de cette maniere on connoîtra les erreurs de tous les verres noirs.

Quant aux verres verds, on pourra les vérifier par l'observation du diametre de la lune lorsqu'elle est pleine, ou par celle de quelque objet terrestre bien éclairé.

Nous remarquerons ici, comme un grand avantage du cercle de

réflexion, que, lorsqu'on fait des observations croisées, les erreurs des verres colorés placés en C n'alterent en rien la grandeur des angles mesurés, parceque si ces verres donnent les angles trop grands dans l'observation à droite, ils les donnent trop petits de la même quantité dans l'observation à gauche. Il n'en est pas de même des grands verres placés en qq, parceque l'incidence des rayons sur ces verres étant plus oblique dans l'observation à droite que dans l'observation à gauche, les erreurs ne peuvent se compenser entièrement. Cependant comme on ne doit employer ces derniers verres que pour mesurer des angles de 34° au plus, et que, pour ces petits angles, les erreurs sont à-peu-près les mêmes que si l'incidence des rayons étoit perpendiculaire, on peut encore supposer que ces erreurs se détruisent dans les observations croisées.

On pourroit donc se dispenser de connoître les erreurs des verres colorés si on ne faisoit que des observations croisées : on le pourroit même encore lorsqu'on ne feroit que des observations à droite ou des observations à gauche, pourvu qu'on changeât les verres de côté à chaque observation et que le nombre d'observations fût pair; mais il y a des circonstances où on ne peut mesurer un angle que par une seule observation, et alors il faut tenir compte des erreurs trouvées.

Détermination de l'angle que l'intervalle des fils occupe dans le champ de la lunette.

La connoissance de cet angle est nécessaire, comme on le verra dans la suite, pour pouvoir estimer l'erreur des observations lorsque le contact des images s'apperçoit dans une autre ligne que les axes de vision paralleles au plan de l'instrument. Cette détermination peut se faire dans la grand' chambre du vaisseau. Pour cela on fera d'abord tourner le porte-oculaire dans le tuyau de la lunette jusqu'à ce que les fils paroissent sensiblement perpendiculaires au plan de l'instrument; ensuite, après avoir placé sur le point zéro l'alidade du grand miroir, on dirigera la lunette sur un objet qui soit au moins à 12 pieds de distance de l'instrument, et on fera mouvoir l'alidade de la lunette jusqu'à ce que les deux images de l'objet coïncident. Cette premiere opération étant faite, on fera mouvoir l'alidade du grand miroir, et on disposera l'instrument de maniere que l'une des deux images touchant un des fils, l'autre image touche l'autre fil, et alors l'angle marqué par l'alidade du grand miroir donnera la distance des deux fils.

Je viens de donner des moyens de rectifier les différentes parties
du

du cercle de réflexion, je vais maintenant expliquer la maniere de faire les observations, et pour cela je parlerai successivement de toutes les observations que l'on fait à la mer.

Observations des hauteurs méridiennes des astres pour déterminer la latitude.

L'observation de la hauteur méridienne d'un astre se fait avec le cercle de réflexion absolument de la même maniere qu'avec l'octant : on commence par ramener les deux miroirs au parallélisme, et ensuite on fait coïncider l'image de l'astre avec celle de l'horizon.

On observera le parallélisme des miroirs en prenant pour objet de vérification l'horizon de la mer, ou le diametre du soleil si c'est pendant le jour que l'on fait l'observation, ou quelque étoile brillante si l'observation se fait pendant la nuit. Lorsqu'on fait la vérification au moyen de l'horizon de la mer ou d'une étoile, il suffit de faire coïncider les deux images dans la lunette, et alors les deux miroirs se trouvent paralleles ; mais lorsqu'on se sert de l'observation du diametre du soleil, il faut opérer de la maniere suivante.

On place d'abord deux verres noirs, l'un en C et l'autre en D ; ensuite, sans toucher à l'alidade du grand miroir, et ne faisant mouvoir que celle de la lunette, on ramene au contact les bords des deux disques de l'astre, et on note l'angle marqué par l'alidade de la lunette. Après cela, dirigeant toujours la lunette sur l'astre, on fait passer les deux disques l'un sur l'autre jusqu'à ce qu'ils se touchent de nouveau par les deux bords opposés, et on note encore l'angle marqué par l'alidade de la lunette. Enfin, prenant la moitié de la somme des deux angles marqués par l'alidade, on a le point du limbe où cette alidade doit être placée pour que les miroirs soient paralleles.

Supposons, par exemple, que l'alidade ait marqué 473° 29′ 30″ dans la premiere observation, et 474° 33′ 30″ dans la seconde : on prendra la somme de ces deux quantités 948° 3′ dont la moitié 474° 1′ 30″ marquera la division où doit être l'alidade pour que les miroirs soient paralleles.

Le point du parallélisme étant ainsi trouvé, et l'alidade de la lunette étant mise sur ce point, on pourra prendre la hauteur méridienne de l'astre de deux manieres, ou par l'observation à droite, ou par l'observation à gauche. Si on veut employer la premiere espece d'observation, il faudra tenir l'instrument de la main droite et ramener vers l'œil l'alidade du grand miroir jusqu'à ce que l'image réfléchie de l'astre touche l'horizon de la mer vu directement, et alors la division marquée par l'alidade donnera la hauteur cherchée. Si on veut employer l'observation à gauche, il faudra tenir l'instrument de la main gauche et faire mouvoir l'alidade du grand miroir en l'éloignant de l'œil ; et lorsque l'image de l'astre touchera l'horizon, on aura la hauteur de l'astre en retranchant de 720° l'angle marqué par l'alidade.

On peut encore faire l'observation totale d'une maniere un peu plus simple et plus abrégée. Après avoir placé d'abord deux verres noirs l'un en C et l'autre en D, et l'alidade du grand miroir étant sur zéro, on dirigera la lunette sur le soleil, et on mettra les deux disques à-peu-près l'un sur l'autre ; ensuite on fera mouvoir la lunette suivant l'ordre des divisions jusqu'à ce que les deux bords des disques se touchent exactement ; et enfin, ôtant le verre noir qui est en D, on prendra la hauteur de l'astre sur l'horizon comme on l'a dit ci-dessus. Mais on doit remarquer que, par cette opération, la hauteur de l'astre marquée par l'instrument sera trop grande du diametre entier de l'astre, d'où l'on verra que si on a pris la hauteur du bord inférieur, il faudra retrancher le demi-diametre de la hauteur observée, pour avoir la hauteur du centre.

On voit que, dans les observations des hauteurs méridiennes que nous venons de décrire, le cercle de réflexion ne fait que l'office d'un octant ; et comme ce cercle n'a que 5 pouces de rayon, ainsi qu'on a pu le voir dans la description détaillée de l'instrument, et que le rayon des octants ordinaires est d'environ 12 pouces, il s'ensuit, comme nous l'avons déja remarqué dans l'article précédent, que l'octant ordinaire a de l'avantage sur le cercle de réflexion dans ces sortes d'observations. Néanmoins comme la différence de précision entre deux instruments à réflexion, bien divisés l'un et l'autre, dont l'un auroit 5 pouces et l'autre 12 pouces de rayon, n'est tout au plus que de 30″, et qu'une erreur de cette quantité n'est d'aucune importance dans le courant de la navigation, notre instrument pourra suppléer l'octant pour les observations des hauteurs méridiennes. D'ailleurs, dans le cas où on aura besoin de déterminer avec beaucoup de précision la latitude d'un point remarquable quelconque, on pourra se servir d'une maniere particuliere d'observer, que j'expliquerai bientôt, dans laquelle le cercle de réflexion donne beaucoup plus de précision que l'octant.

Observations des hauteurs des astres pour déterminer l'heure.

Dans l'espece d'observations que nous allons décrire, le cercle de réflexion jouit de tous ses avantages, parcequ'on peut alors prendre les hauteurs par des observations croisées.

Je supposerai d'abord que l'observateur soit muni d'une montre à seconde, pour marquer l'heure précise de chaque observation. Cela posé, ayant fixé l'alidade du grand miroir sur le point zéro de la division comme dans l'observation précédente, et tenant l'instrument de la main gauche dans une position à-peu-près verticale, on fera d'abord une premiere observation à gauche, c'est-à-dire qu'en dirigeant la lunette sur l'horizon on fera mouvoir son alidade jusqu'à ce que l'image de l'astre, passant entre la lunette et le petit miroir, et se réfléchissant ensuite sur les deux miroirs, vienne coïncider avec l'image de l'horizon de la mer vu directement. Cette premiere observation étant faite, et ayant marqué l'heure de la montre à laquelle le contact a été observé, on prendra l'instrument de la main droite ; ensuite, laissant la lunette dans sa position et la dirigeant sur l'horizon, on desserrera l'alidade du grand miroir et on fera l'observation à droite en ramenant cette alidade vers l'œil pour obtenir une seconde fois le contact de l'astre avec l'horizon : on marquera encore l'heure de la montre à laquelle le second contact a été observé, et alors, en prenant la moitié de l'angle marqué par l'instrument, et la moitié de la somme des heures des observations, on aura la hauteur moyenne de l'astre correspondante à l'heure moyenne des deux observations.

Si on veut avoir un résultat plus précis, on fera une seconde opération absolument semblable à la premiere, en partant du point où se trouve maintenant l'alidade du grand miroir, et regardant ce point comme le zéro de la division. Par cette seconde opération on aura un angle total dont le quart sera la hauteur correspondante à l'heure moyenne des quatre observations. Enfin on parviendra à une précision plus grande encore, en faisant une troisieme opération, et ainsi de suite.

Nous remarquerons ici, conformément à ce que nous avons déja dit ailleurs, que, lorsqu'on observe des hauteurs du soleil, on ne doit employer les verres de la *fig.* 4, placés devant le grand miroir, que pour les hauteurs depuis 5° jusqu'à 34°, et que pour toutes les autres hauteurs on doit se servir des petits verres de la *fig.* 3.

Observations des hauteurs des astres, faites à une petite distance du méridien, pour en conclure leur vraie hauteur méridienne.

Pour faire ces observations, il faut, premièrement, avoir déterminé par des observations préparatoires, faites long-temps avant le passage au méridien, l'heure à laquelle l'astre doit passer à ce méridien. Cette heure étant connue, on commencera, quelques minutes avant le passage, à observer les hauteurs de l'astre, et on fera de suite plusieurs observations croisées, pareilles à celles que nous venons de décrire, en ayant attention de marquer l'heure à laquelle chaque observation aura été faite. On divisera ensuite, par le nombre d'observations, l'angle total marqué par l'alidade, et on aura d'abord une hauteur méridienne approchée : il restera ensuite à trouver les corrections à faire à cette hauteur approchée pour avoir la hauteur vraie ; et c'est ce que nous montrerons dans le chapitre suivant, où je traiterai du calcul des observations.

Observations des distances de la lune aux astres pour déterminer les longitudes.

Ces observations peuvent se faire de deux manieres : par trois observateurs, ou par un seul. Nous allons d'abord parler de la premiere maniere, qui donne des résultats plus simples, et que nous croyons par cette raison seule devoir être toujours préférée à l'autre lorsqu'on a un nombre suffisant de coopérateurs.

Des trois observateurs qu'on emploie dans cette méthode, il y en a deux qui sont chargés de prendre les hauteurs des deux astres, tandis que le troisieme mesure les distances de ces astres. Nous n'entrerons dans aucun détail sur la maniere dont les deux premiers doivent faire leurs observations, parceque nous en avons déja parlé suffisamment dans les articles précédents, et que d'ailleurs ces observations n'ayant pas besoin d'être très précises, il n'est pas nécessaire d'y employer le cercle de réflexion, mais seulement l'octant : nous dirons seulement que ces deux observateurs doivent avoir l'attention de suivre continuellement le mouvement des astres dont ils prennent les hauteurs, et de les tenir toujours à une très petite distance de l'horizon, afin qu'à l'instant où ils seront avertis par le troisieme observateur, ils n'aient plus besoin que de donner un petit mouvement au rappel pour mettre les images en contact. Quant aux observations des distances, quoiqu'elles ne different pas, dans le fond, de celles dont nous avons parlé dans le chapitre premier, il nous paroît nécessaire, à cause de leur importance, d'en donner une description un peu étendue.

Comme il faut toujours que l'observateur commence par une observation à gauche, il fixera d'abord l'alidade du grand miroir sur le point zéro de la division : ensuite dirigeant la lunette sur celui des deux astres qui a le moins de lumiere, ainsi que nous l'avons dit ailleurs, savoir, sur la lune s'il observe les distances du soleil à la lune, et sur l'étoile s'il observe les distances de la lune aux étoiles, il fera tourner l'instrument en entier autour de l'axe de la lunette, pris comme axe de mouvement, jusqu'à ce que le second astre soit dans le plan de l'instrument et se trouve placé à gauche de la lunette par rapport au grand miroir. L'instrument étant dans cette position, il fera mouvoir l'alidade du petit miroir, en tenant toujours la lunette sur l'astre, jusqu'à ce qu'il ait ramené dans le champ de la lunette l'image de l'astre lumineux. Lorsqu'il sera parvenu à mettre les deux images à une petite distance l'une de l'autre, il les rapprochera par le moyen du rappel, et, à l'instant où elles se toucheront, il en avertira les deux autres observateurs, qui aussitôt mettront en contact avec l'horizon les images des astres qu'ils observent. La premiere observation étant ainsi achevée, on écrira les hauteurs des deux astres, et le troisieme observateur se disposera à faire l'observation à droite.

Pour cela, laissant l'alidade du petit miroir sur le point du limbe où elle se trouve, il desserrera celle du grand miroir : ensuite, tenant l'instrument dans une position absolument opposée à celle qu'il avoit dans la premiere observation, et dirigeant toujours la lunette sur l'astre le moins lumineux, il fera mouvoir l'alidade du grand miroir suivant l'ordre des divisions pour ramener encore l'image de l'astre lumineux dans le champ de la lunette en la faisant venir du côté droit par rapport à la lunette : enfin lorsque les deux images se toucheront, il avertira, comme ci-dessus, les deux autres observateurs, qui feront aussitôt toucher les images des astres avec l'horizon, et on écrira ensuite les deux nouvelles hauteurs et la double distance observée.

Les deux premieres observations étant achevées, il sera aisé d'en faire d'autres pareilles en partant du point où est maintenant l'alidade et suivant toujours le même procédé que nous venons de donner : enfin, lorsqu'on en aura fait le nombre qu'on croira nécessaire pour obtenir une précision suffisante, on divisera par ce nombre, tant la somme totale des distances, marquée par l'instrument, que les sommes des hauteurs observées de chaque astre, et on aura une distance moyenne des deux astres et une hauteur moyenne de chaque astre, qu'on pourra regarder comme trois observations simultanées faites par les trois observateurs.

Il nous reste maintenant à parler de la seconde maniere de faire ces observations. Nous avons dit qu'on n'emploie qu'un seul observateur dans cette seconde maniere ; et voici comment il doit opérer.

Supposant d'abord qu'il soit muni d'une montre à seconde pour marquer l'heure de chaque observation, il commencera par observer, avec le cercle de réflexion, deux hauteurs de chaque astre, en faisant pour chacun une observation à gauche et une observation à droite ; ensuite il prendra deux, ou quatre, ou bien six distances des deux astres, suivant le degré de précision qu'il voudra donner à ses observations, et il finira par deux nouvelles hauteurs de chaque astre qu'il prendra comme les deux premieres. Toutes ces observations étant faites, et l'heure de chaque observation ayant été marquée, il ne restera plus qu'à les réduire à trois observations simultanées, comme dans la premiere maniere d'observer. Pour cela, on divisera d'abord la somme des distances observées, données par le cercle de réflexion, ainsi que la somme des hauteurs auxquelles ces distances ont été observées, par le nombre des observations, et on aura une distance moyenne des deux astres correspondante à une heure moyenne : ensuite, en se servant des observations des hauteurs faites avant et après celles des distances, on trouvera par interpolation la hauteur de chaque astre correspondante à l'heure moyenne des distances observées, et alors les observations seront réduites à trois observations simultanées comme ci-dessus.

Les explications que nous venons de donner suffisent pour faire bien entendre la maniere d'observer les distances de la lune aux astres avec le cercle de réflexion Il nous reste à ajouter quelques remarques qui peuvent être utiles pour faciliter les observations, ou pour les rendre plus précises.

Remarque I. Il est quelquefois embarrassant pour l'observateur, à cause de la position gênante dans laquelle il tient l'instrument, de ramener les deux images dans le champ de la lunette ; ce qui oblige à beaucoup de tâtonnements et rend les observations longues et laborieuses : on évitera cet inconvénient en déterminant à-peu-près, par une opération préparatoire, les points de la division sur lesquels les alidades doivent être placées pour chaque observation. Voici comme on y parviendra.

Il faudra d'abord faire une observation pour connoître à-peu-près la distance des deux astres. Pour cela, après avoir placé l'alidade du grand miroir sur le point zéro, on ramenera le petit miroir au parallélisme en faisant coïncider les deux images de l'horizon, et on notera l'angle marqué par l'alidade de la lunette ; ensuite, laissant toujours l'alidade du grand miroir sur le point zéro, on prendra la distance des deux astres par l'observation à gauche, c'est-à-dire en faisant mouvoir l'alidade de la lunette, et on notera encore l'angle marqué par cette alidade ; enfin, retranchant le premier angle du second, on aura la distance approchée des deux astres. Supposons, par exemple, que l'alidade de la lunette ait marqué 471° 3o' lors de la vérification à l'horizon, et 558° lorsqu'on a observé le contact des images ; retranchant le premier angle du second, on aura, pour la distance cherchée, 86° 3o'.

Cela posé, je remarque que, par la maniere dont on fait les observations croisées, toutes les fois qu'on déplace une des alidades on lui fait parcourir un angle double de la distance des deux astres, c'est-à-dire, dans notre supposition, un angle de 173° double de l'angle observé 86° 3o'. Il suit de là que l'alidade de la lunette, qui, dans la premiere observation à gauche, est placée sur 558°, doit être portée, dans la seconde observation à gauche, sur 558° + 173°, ou sur 731° (ce qui est la même chose que 11°, parceque la division recommence après 720°). Par la même raison, dans la troisieme observation à gauche, elle sera portée sur 11° + 173°, ou sur 184° ; dans la quatrieme, sur 184° + 173°, ou sur 357°, et ainsi de suite. Quant à l'alidade du grand miroir, qui, par la supposition, se trouve d'abord sur le point zéro de la division, on voit qu'elle doit être portée sur 173° dans la premiere observation à droite ; sur deux fois 173°, ou 346°, dans la seconde observation à droite ; sur trois fois 173°, ou 519°, dans la troisieme ; et ainsi de suite. D'après cela, avant de commencer les observations, on fera un petit tableau des positions successives des deux alidades comme il suit.

POSITIONS de l'alidade du grand miroir.	POSITIONS de l'alidade du petit miroir.
0°	
173	558°
346	11
519	184
692	357
&c.	&c.

Connoissant ainsi d'avance à-peu-près les positions que doivent avoir les alidades, il est clair qu'en leur donnant successivement ces positions on ramenera dès le premier essai, et sans aucun tâtonnement, les deux images dans le champ de la lunette ; il ne restera plus alors qu'à les rapprocher par le moyen des rappels.

REMARQUE II. On sait qu'une des conditions essentielles pour la bonté des observations est que le contact des images se fasse dans un plan parallele à celui de l'instrument, c'est-à-dire dans le milieu de l'intervalle des deux fils qui sont placés au foyer de la lunette, et qu'on suppose avoir été convenablement ajustés par la vérification, pag. 22 ; mais, comme il est souvent assez difficile de remplir cette condition, sur-tout lorsque le vaisseau a beaucoup de mouvement, on doit chercher du moins à tenir compte de l'erreur qu'on commet dans une observation en faisant tomber le contact hors du plan de l'instrument. Pour cela, il faut avoir l'attention, toutes les fois qu'on fait une observation, de remarquer le point du champ de la lunette où le contact s'apperçoit, et d'estimer combien ce point est plus près d'un fil que de l'autre. Connoissant ensuite la distance angulaire des deux fils, on conclura aisément la quantité dont l'observation aura dévié du plan passant par le milieu de l'intervalle des fils ; et enfin, la déviation étant connue, on se servira de la table pour déterminer la correction qu'il faut faire à l'observation.

Supposons, par exemple, qu'on ait remarqué, en faisant une observation, que le point où on a apperçu le contact est quatre fois plus près d'un fil que de l'autre, et qu'on ait trouvé, par une expérience précédente, que la distance des deux fils est de cent minutes, il s'ensuivra que le contact a été vu à 20′ d'un des fils, et à 80′ de l'autre ; et comme, pour l'exactitude de l'observation, il auroit dû être vu à 50′ de chaque fil, c'est-à-dire dans le milieu de leur intervalle, on en conclura que la déviation de l'observation est de 30′. Cela posé, il faudra chercher dans la table la correction qui convient à 30′ de déviation et à l'angle observé.

CHAPITRE III.

Du calcul des observations.

Je donnerai dans ce chapitre la maniere de calculer les différentes especes d'observations que l'on fait à la mer, avec des exemples de chaque calcul, et j'ajouterai à la fin du chapitre plusieurs tables qui serviront à faciliter les opérations.

Calculs des observations de la latitude par les hauteurs méridiennes des astres.

On trouvera d'abord, au moyen du livre de *la Connoissance des Temps*, la déclinaison de l'astre pour l'instant où il a passé par le méridien du vaisseau, et on en conclura la distance depuis l'astre jusqu'au pôle vers lequel l'observateur étoit tourné lorsqu'il a observé la hauteur méridienne.

On cherchera ensuite la hauteur vraie de l'astre en corrigeant la hauteur observée, des effets de la dépression et de la réfraction, ainsi que du demi-diametre et de la parallaxe, si c'est le soleil ou la lune que l'on a observé.

La distance entre cette hauteur vraie et la distance au pôle trouvé précédemment donnera la latitude cherchée.

Cette latitude sera de même dénomination que le pôle vers lequel l'observateur étoit tourné, si la distance de l'astre à ce pôle est plus petite que la hauteur vraie de l'astre, et dans le cas contraire elle sera de dénomination différente.

On remarquera que, si on observoit la hauteur méridienne de l'astre lorsqu'il est au-dessous du pôle, c'est-à-dire lorsque sa hauteur est la plus petite possible, alors la latitude seroit égale à la somme et non à la différence de la hauteur vraie de l'astre et de sa distance au pôle.

Exemple pour une hauteur méridienne du soleil.

Le 8 mars 1787, étant par une longitude estimée de 51° à l'ouest de Paris, on a observé, étant tourné du côté du pôle sud, une hauteur du bord inférieur du soleil de 43° 37' : l'œil de l'observateur étoit élevé de 22 pieds au-dessus du niveau de la mer. On demande la latitude.

E

On trouvera d'abord dans *la Connoissance des Temps*, que le 8 mars, à l'instant de midi à Paris, la déclinaison du soleil étoit . . . . 4°. 47′. 52″ austr.

Et que le lendemain 9 mars, à midi, elle étoit . . . . . 4 . 24 . 23

Donc en 24 heures, qui répondent à 360°, la déclinaison avoit diminué de . . . . 23 . 29

Cela posé, on prendra par parties la diminution qui convient à 51° de longitude dont le vaisseau étoit, par la supposition, plus occidental que Paris ; et on aura

Pour 36°, ou la dixieme partie de 360°. . 2′. 21″
Pour 12°, ou le tiers de 36° . . . . 0 . 47
Et pour 3°, ou le quart de 12° 12

Donc, pour 51°, on aura . . . . 3 . 20

Retranchant cette quantité de la déclinaison du 8 mars à midi, trouvée ci-dessus, on aura la déclinaison du soleil lors de son passage au méridien du vaisseau . . . . 4 . 44 . 32

Par conséquent SA DISTANCE jusqu'au pôle vers lequel on étoit tourné en observant, qui est ici le pôle sud, étoit 85 . 15 . 28

Il faut maintenant chercher la hauteur vraie du centre de l'astre.

Hauteur observée du bord inférieur . . . . 43 . 37 . 0

Retranchant d'abord de cette hauteur l'effet de la dépression de l'horizon pour 22 pieds de hauteur de l'œil qu'on trouvera par la table III. . . . . 4 . 45

Il restera. . . . . 43 . 32 . 15

Retranchant encore la réfraction moins la parallaxe du soleil pour 43° 32′ qu'on trouvera dans les premieres colonnes de la table I 54

Il restera. . . . . 43 . 31 . 21

Enfin, comme c'est la hauteur du bord inférieur de l'astre qui a été observée, on ajoutera le demi-diametre pris dans *la Connoissance des Temps*, pour le 8 mars, qu'on trouvera de . . . . 16 . 9

Et on aura LA HAUTEUR VRAIE du centre. . . . . . . 43 . 47 . 30

On avoit trouvé ci-dessus LA DISTANCE du soleil au pôle austral vers lequel l'observateur étoit tourné . . . . . . 85 . 15 . 28

Prenant la différence entre ces deux quantités, il restera pour la LATITUDE cherchée. . . . . 41 . 27 . 58

Et comme la distance au pôle est plus grande que la hauteur vraie de l'astre, la latitude aura une autre dénomination que ce pôle : elle sera donc BORÉALE.

Exemple pour une hauteur méridienne d'étoile.

Le 8 octobre 1787 on a observé, en se tournant vers le nord, une hauteur méridienne de l'étoile SIRIUS qu'on a trouvée de 54°16′: l'œil de l'observateur étoit à 20 pieds au-dessus du niveau de la mer. On demande la latitude.

Déclinaison de SIRIUS en 1787, suivant *la Connois-sance des Temps*. . . . . 16°. 25′. 48″ aust.

Donc DISTANCE depuis l'étoile jusqu'au pôle nord vers lequel l'observateur étoit tourné . . . . 106 . 25 . 48

Hauteur observée de l'étoile . . . . 54 . 16 . 0

Retranchant la dépression pour 20 pieds de hauteur donnée par la table III. . . . . 4 . 32

Il restera. . . . . 54 . 11 . 28

Et retranchant encore la réfraction pour 54° donnée par les dernieres colonnes de la table I. 41

On aura LA HAUTEUR VRAIE de l'étoile. . . . . 54 . 10 . 47

Enfin prenant la différence entre cette hauteur et la distance au pôle trouvée ci-dessus . . . . 106 . 25 . 48

Il restera pour la LATITUDE cherchée. . . . . 52 . 15 . 1

Et comme la distance au pôle est plus grande que la hauteur vraie de l'astre, la latitude aura une dénomination différente de celle du pôle : elle sera donc AUSTRALE.

Exemple pour une hauteur méridienne de la lune.

Le 12 mars 1787, à 6 heures du matin à-peu-près, étant par 57° de longitude estimée à l'ouest de Paris, on a observé vers le sud une hauteur méridienne du bord inférieur de la lune de 64° 59′: l'œil de l'observateur étoit élevé de 16 pieds au-dessus du niveau de la mer. On demande la latitude.

Il faut d'abord chercher l'heure de Paris au temps de l'observation pour en conclure la déclinaison de la lune, et ensuite la distance polaire.

Passage ☾ au méridien de Paris, le 12 mars. . . . . 6ʰ. 3′ matin.

Passage le 13 mars. . . . . 6 . 54

Différence en 24 heures. 51

Mais le vaisseau étoit 57° à l'ouest de Paris ; ce qui, réduit en temps, donne 3ʰ 48′. Il faut donc chercher la différence pour 3ʰ 48′, et on trouvera

Pour 3 heures, ou la 8ᵉ partie de 24 heures. 6′. 22″
Pour 45′, ou le quart de 3 heures. . . . . . 1 . 35
Pour 3′, ou la quinzieme partie de 45′ . . o . 6

     Donc, pour 3ʰ 48′, on aura . . . .   0ʰ. 8′. 3″

Donc passage de la lune au méridien du vaisseau. . .   6 . 11 . o
Différence entre le vaisseau et Paris . . . .   3 . 48 . o

     Donc heure de Paris. . . . .   9 . 59 . o matin.

Maintenant on a la déclinaison de la lune le 12 mars
à 6 heures du matin, ou le 11 mars à 18 heures. . . . . 24°. 52′. o″ austr.
Et le 12 mars à midi . . . . 24 . 43

     Donc différence en 6 heures   9

Prenant les parties proportionnelles pour 3ʰ 59′, ou
pour 4 heures, on trouvera.   6

Ce qui donnera pour la déclinaison, à 9ʰ 59′, temps
de l'observation . . . . 24 . 46

Par conséquent LA DISTANCE jusqu'au pôle sud vers
lequel on étoit tourné en observant, sera. . . . . 65 . 14

Maintenant, pour trouver la hauteur vraie du centre,
on cherchera d'abord le demi-diametre et la parallaxe horizontale de la lune au temps de l'observation.

Demi-diametre, le 11 à midi, suivant *la Connoissance
des Temps*. . . . . : 14′. 50″
Et le 12, à midi. . . . . 14 . 53
Donc le 12, à 10 heures du matin . . . . 14 . 53

Ajoutant l'augmentation du demi-diametre
prise dans la table IV pour 65° de hauteur
qu'on trouvera de 13

     On aura le demi-diametre corrigé. . . . . . .   15′. 6″

La parallaxe horizontale étoit, suivant *la Connoissance
des Temps*, le 11, à minuit, de . . . . 54′. 23″
Et le 12, à midi, de . . . . 54 . 31

Donc le 12, à 10 heures du matin, elle étoit de. . . .   54 . 30

Cela posé, on trouvera, comme il suit, la hauteur vraie
du centre de la lune.

Hauteur observée du bord inférieur . . . . 64°. 59′. o″
Retranchant la dépression pour 16 pieds. . . . . . .   4 . 3

     Il restera. . . . . 64 . 54 . 57
Ajoutant le demi-diametre corrigé . . . .   15 . 6

     On aura. . . . . 65 . 10 . 3
A quoi il faut ajouter encore la parallaxe de hauteur

moins la réfraction prise dans la table VIII pour la hauteur de 65° 10′, et pour la parallaxe, de 54′ 30″.

D'abord pour 65° 10′, et pour 54′ de parallaxe horizontale, on trouvera . . . . 0°. 22′. 14″

Ensuite pour la même hauteur, et pour 24″ de parallaxe, on trouvera 12

Ajoutant ces quantités, on aura enfin LA HAUTEUR corrigée du centre de la lune. . . . . 65 . 32 . 29

Prenant la différence entre cette quantité et la distance au pôle austral trouvée ci-dessus . . . ; . . . . 65 . 14 . 0

On aura LA LATITUDE cherchée. . . . . 0 . 18 . 29

Et comme la distance au pôle est plus petite que la hauteur de l'astre, la latitude sera de même dénomination que le pôle : elle sera donc AUSTRALE.

Calcul des observations des hauteurs des astres pour trouver l'heure du vaisseau.

On suppose qu'on ait fait avec le cercle de réflexion plusieurs observations consécutives de la hauteur d'un astre sur l'horizon de la maniere que nous avons prescrite pag. 27. On demande d'en conclure l'heure du vaisseau, et en même temps l'avance ou le retard de la montre dont on s'est servi dans les observations.

Pour cela, on prendra d'abord la somme des heures des observations, et on la divisera par le nombre de ces observations.

On divisera aussi par le même nombre l'angle total donné par l'instrument qui représente la somme des hauteurs observées, et on aura une hauteur moyenne correspondante à l'heure moyenne des observations. On corrigera ensuite la hauteur moyenne des effets de la dépression, de la réfraction, ainsi que du demi-diametre moins la parallaxe, si c'est le soleil qu'on observe ; enfin on cherchera la déclinaison de l'astre au temps de l'observation pour en conclure la distance au pôle élevé sur l'horizon.

Cela posé, au moyen de la hauteur et de la distance polaire trouvées, et connoissant aussi la latitude du vaisseau, on calculera l'angle horaire de la maniere suivante.

On écrira les unes sous les autres, d'abord la hauteur vraie, ensuite la latitude, et après cela la distance polaire. On prendra la somme et la demi-somme de ces quantités qu'on écrira au-dessous, ainsi que la différence entre cette demi-somme et la hauteur vraie. A côté de ces quantités on écrira les compléments arithmétiques du logarithme cosinus de la latitude, et du logarithme sinus de la distance polaire ; le logarithme cosinus de la demi-somme, et le logarithme sinus de la demi-somme moins la hauteur : on additionnera ces quatre logarithmes, et la moitié de leur somme sera le logarithme sinus du demi-angle horaire ; enfin regardant les degrés de ce demi-angle horaire comme des minutes d'heure, les minutes comme des secondes d'heure, et les secondes comme des tierces d'heure, on les multipliera par 8, et on aura l'angle horaire réduit en heures, d'où il sera aisé de conclure l'avance ou le retard de la montre.

Premier exemple pour les hauteurs du soleil.

Le 5 février 1787, après midi, étant par une latitude estimée de 22° 40′ sud, et par une longitude pareillement estimée de 86° à l'est de Paris, on a observé avec le cercle de réflexion, et par des observations croisées, six hauteurs consécutives du bord inférieur du soleil.

La premiere observation a été faite à 2^h. 47′. 1″ de la montre.
La seconde. . . . . 2 . 48 . 31
La troisieme . . . . 2 . 49 . 19
La quatrieme. . . . . 2 . 50 . 13
La cinquieme. . . . . 2 . 51 . 0
La sixieme. . . . . 2 . 52 . 32

L'angle total marqué par l'instrument a été de 276° 27′ : l'œil de l'observateur étoit élevé de 20 pieds au-dessus du niveau de la mer. On demande l'heure du vaisseau au temps de l'observation, et la quantité dont la montre avance ou retarde.

On prendra d'abord la somme des heures des observations 16^h 58′ 36″, et on la divisera par 6, ce qui donnera 2^h 49′ 46″. On divisera pareillement par 6 l'angle total 276° 27′ marqué par l'instrument, et on aura pour la hauteur moyenne 46° 4′ 30″. D'après cela les six observations se trouveront réduites à l'observation moyenne suivante.

Heure de l'observation. . . . . 2^h. 49′. 46″
Hauteur du bord inférieur du soleil . . . . 46°. 4′. 30″

Maintenant de cette hauteur on retranchera l'effet de la dépression pour 20 pieds de hauteur de l'œil, qu'on trouvera par la table III . . . . 4 . 32

Il restera. . . . . 45 . 59 . 58

On retranchera encore la réfraction moins parallaxe du soleil pour 46° de hauteur donnée par la table I 49

Il restera. . . . . 45 . 59 . 9

On ajoutera ensuite le demi-diametre de l'astre pris dans *la Connoissance des Temps*, pour le 5 février . . . . 0°. 16′. 16″

Et on aura LA HAUTEUR VRAIE ou corrigée du centre de l'astre . . . . 46°. 15 . 25

Pour trouver la distance de l'astre au pôle élevé sur l'horizon, il faut d'abord chercher l'heure de Paris au temps de l'observation.

Heure approchée du vaisseau. . . . . 2ʰ. 50′ après midi.

Le vaisseau étoit, par la supposition, 86° plus oriental que Paris ; ce qui, réduit en temps, donne . . . . 5 . 44

Retranchant la seconde heure de la premiere, parceque le vaisseau est à l'est de Paris, et augmentant pour cela la premiere de 24 heures, parcequ'elle est plus petite que la seconde, on trouvera pour le temps de l'observation à Paris, le 4 février. . . . . 21 . 6

Nous chercherons donc la déclinaison pour le 4 février à 21ʰ 6′.

Déclinaison le 4 février à midi . . . . . 16°. 9′. 5″ austr.
Et le 5 février à midi . . . . 15 . 50 . 55

Diminution en 24 heures. . . . 18 . 10

Prenant par parties la diminution qui convient à 21ʰ 6′, on aura

Pour 12 heures, ou la moitié de 24 heures . . 9′. 5″
Pour 6 heures, ou la moitié de 12 heures. . . 4 . 33
Pour 3 heures, ou la moitié de 6 heures . . . 2 . 16
Pour 6′, ou la 30ᵉ partie de 3 heures 5

Donc pour 21ʰ 6′. . . . . 15 . 59

Retranchant cette quantité de la déclinaison du 4 février, il restera pour la déclinaison cherchée . . . . 15 . 53 . 6

Par conséquent la DISTANCE du soleil au pôle élevé sur l'horizon, qui est ici le pôle austral, sera. . . . . 74 . 6 . 54

Connoissant ainsi la distance polaire et la hauteur vraie de l'astre, on fera le calcul de l'angle horaire comme il suit.

Hauteur vraie . . . . . 46°. 15′. 20″
Latitude. . . . . . . 22 . 40 . 0   com. cos. 0 . 0349101
Distance polaire. . . 74 . 7 . 0   com. sin. 0 . 0169058
   Somme. . . . 143 . 2 . 20
  Demi-somme. . . . 71 . 31 . 10   cos. 9 . 5010357
Demi-somm. — haut. 25 . 15 . 50   sin. 9 . 6302122
        Somme. . . 19 . 1830638
        Demi-somme. . . 9 . 5915319
C'est le log. sin. du demi-ang. hor. . . . . 22°. 58′. 50″
        Multipliant par. . 8
On aura l'heure du vaisseau . . . . 3ʰ. 3′. 50″. 40‴
Mais la montre marquoit. . . . . 2 . 49 . 46
      Donc la montre retardoit de . . . 14 . 5

On observera que, dans ce calcul, nous avons altéré deux des angles trouvés précédemment ; savoir la hauteur vraie, que nous avons diminuée de 5″, et la distance polaire, que nous avons augmentée de 6″. Ces petits changements, qui n'en produisent que d'insensibles dans les résultats, ont pour objet de simplifier les calculs en n'employant que des angles de dix en dix secondes qui se trouvent dans les tables de logarithmes dont on fait usage, et d'éviter par-là les parties proportionnelles pour les secondes intermédiaires. Il faut observer que ces changements doivent être faits de maniere que la somme des secondes des trois angles employés dans le calcul soit un multiplié de 20′, afin que la demi-somme donne toujours des angles qu'on trouve dans les tables.

Deuxieme exemple pour les observations des hauteurs d'étoile.

Le 6 mars 1787, étant par 33° de latitude nord, et par 43° 30′ de longitude à l'ouest de Paris, on a fait du côté de l'ouest plusieurs observations consécutives de la hauteur de l'étoile Aldebaran, qui ont donné, pour hauteur moyenne corrigée de la dépression et de la réfraction, 29° 30′ 15″, et, pour l'heure moyenne marquée par la montre, 9ʰ 45′ 24″. On demande l'heure du vaisseau, ou l'erreur de la montre.

On cherchera d'abord, au moyen de *la Connoissance des Temps*, la distance de l'étoile au pôle élevé sur l'horizon, son ascension droite en temps, et la distance de l'équinoxe au soleil pour le jour de l'observation et pour le suivant.

Déclinaison de l'étoile pour le mois de mars . . . . 16°. 3′. 53″ bor.

Donc la distance au pôle élevé sur l'horizon, qui est ici le pôle nord, sera . . . . 73 . 56 . 7

Ascension droite pour l'année 1787 . . . . 65 . 55 . 36

Qui, étant réduite en temps, donne . . . . 4ʰ. 23′. 42″

Distance de l'équinoxe au ☉ le 6 mars. . . . . 51′. 58″. 0

Et le 7 mars . . . . 48 . 16 . 0

Variation en 24 heures. . . . . 3 . 42

Cela posé, on calculera l'angle horaire comme dans l'exemple précédent, et on fera le reste du calcul comme il suit.

Hauteur

Hauteur de l'étoile . . 29°. 30'. 10"
Latitude. . . . . 33 . 0 . 0   com. cos. 0 . 0764086
Distance polaire . . . 73 . 56 . 10   com. sin. 0 . 0172975

Somme. . . . 136 . 26 . 20
Demi-somme. . . . 68 . 13 . 10   cos. 9 . 5694356
Demi-somm. — haut. 38 . 43 . 0   sin. 9 . 7962062

Somme. . . 19 . 4593479
Demi-somme. . . 9 . 7296739
C'est le log. sin. du demi-ang. hor. . . . . 32°. 27'. 16"
Multipliant par. . 8

On aura l'angle horaire réduit en temps. . . . . 4ʰ. 19'. 38"

Ascension droite, réduite en temps, trouvée ci-dessus, qu'il faut ajouter, parceque l'observation a été faite vers l'ouest, et qu'il auroit fallu retrancher si elle avoit été faite vers l'est. . . . . 4 . 23 . 42

Distance de l'équinoxe au soleil, le 6 mars, qu'il faut toujours ajouter . . . . 0 . 51 . 58

Donc heure approchée du vaisseau. . . . 9 . 35 . 18

Mais il faut retrancher de cette heure la quantité dont la distance de l'équinoxe au soleil aura varié, depuis le 6 mars à midi, jusqu'au temps où l'observation a été faite.

Heure approchée du vaisseau. . . . . 9ʰ. 35'

Longitude du vaisseau à l'ouest de Paris, 40° 30', ou en temps. . . . . 2 . 42

Donc heure approchée de Paris. . . . 12 . 17

Variation de la distance de l'équinoxe au soleil en vingt-quatre heures . . . . 0 . 3 . 42

Donc variation en 12ʰ. 17'. . . . 0 . 1 . 53

Qui, étant retranchée de l'heure approchée du vaisseau, trouvée ci-dessus, donnera pour l'heure corrigée du vaisseau. . 9 . 33 . 25

Mais la montre marquoit. . . 9 . 45 . 24

Donc la montre avançoit de. . . . 0 . 11 . 59

Calcul des observations des hauteurs du soleil faites à différents jours pour déterminer la marche d'une montre par rapport au temps moyen.

Le 24 mai 1787, à sept heures trois quarts du matin, étant par 28° 28' de latitude nord, et par 18° 36' de longitude à l'ouest de Paris, on a pris, avec le cercle de réflexion, plusieurs hauteurs du bord inférieur du soleil, qui ont donné pour la hauteur moyenne,

F

42

toutes corrections faites, $31° 4' 20''$, la montre marquant alors 10^h $35' 17''$.

Le 31 du même mois, à dix heures un quart du matin, étant par la même latitude et la même longitude, on a pris d'autres hauteurs du bord inférieur du soleil, qui ont donné pour hauteur vraie moyenne $65° 30'$, la montre marquant $1^h 8' 1''$ après midi.

On demande la marche de la montre par rapport au temps moyen.

On calculera d'abord les premieres observations de la maniere que nous venons de prescrire, et on en conclura l'avance ou le retard de la montre sur le temps moyen compté à Paris. On fera ensuite la même chose pour les secondes observations, et la différence des deux retards ou avances donnera la marche de la montre.

Premieres observations.

On trouvera, au moyen de *la Connoissance des Temps*, que la distance polaire du soleil, au temps de ces premieres observations, étoit $69°12' 54''$. Après cela, au moyen de cette distance polaire, de la latitude supposée $28° 28'$, et de la hauteur observée $31° 4' 20''$, on calculera l'angle horaire, et on trouvera l'heure du vaisseau, temps vrai. . . . . $7^h . 39' . 53''$

Ajoutant la différence de longitude en temps entre le vaisseau et Paris. . . . . $1 . 14 . 24$

On aura l'heure de Paris, temps vrai . . . $8 . 54 . 17$

Maintenant *la Connoissance des Temps* donne le temps moyen au midi vrai pour le 23 mai. . . . $11^h . 56' . 21'', 0$
Et pour le 24 mai. . . . $11 . 56 . 25 , 9$

D'où on verra que le 24 mai, à $8^h 54'$ du matin, le temps moyen au midi vrai étoit. . . . . $11 . 56 . 25 , 3$

Ajoutant cette quantité à l'heure de Paris, temps vrai, trouvée ci-dessus, et retranchant 12 heures, on aura l'heure de Paris, temps moyen. $8 . 50 . 42 , 3$
Mais la montre marquoit. . . . $10 . 35 . 17$

Donc la montre avançoit sur le temps moyen compté à Paris . . . . $1 . 44 . 34 , 7$

Secondes observations.

On cherchera également la distance polaire au temps de ces secondes observations qu'on trouvera de $68° 3' 4''$; ensuite, connoissant la latitude 28° 28′, et la hauteur observée 65° 30′, on calculera l'angle horaire, et on aura l'heure du vaisseau temps vrai. 10ʰ. 9′. 56″

Ajoutant la différence avec le méridien de Paris . . . . . 1 . 14 . 24

On aura l'heure de Paris, temps vrai. . . . . 11 . 24 . 20

Mais on a le temps moyen au midi vrai pour le 30 mai. . . . . 11ʰ. 57′. 5″,6

Et pour le 31 mai. . . . . 11 . 57 . 13 , 8

Donc on aura pour le 31 mai, à 11ʰ 24′ . . . . . . 11 . 57 . 13,6

Ajoutant cette quantité à l'heure de Paris, temps vrai, trouvée ci-dessus, et retranchant 12 heures, on aura l'heure de Paris, temps moyen. . . . . 11 . 21 . 33,6

Et puisque la montre marquoit alors . . . . 13 . 8 . 1

Elle avançoit sur le temps moyen à Paris . . . . 1°. 46′. 27″,4

Mais nous avions trouvé ci-dessus que, lors des premières observations, elle n'avançoit que de . . . . 1 . 44 . 34,6

Donc, dans l'intervalle des observations, c'est-à-dire depuis le 24 mai à 8ʰ 54′ du matin, jusqu'au 31 mai à 11ʰ 24′, ou en 170ʰ ½, elle s'est accélérée sur le temps moyen de . . 0 . 1 . 52,8

D'où on trouvera son accélération pour 24 heures . . . . 0 . 0 . 15,9

Remarque.

Toutes les circonstances ne sont pas également favorables pour faire les observations des hauteurs des astres qui servent à la détermination de l'heure. L'instant qu'il faut choisir de préférence est celui où l'astre passe par le premier vertical, parceque c'est le temps où il s'élève le plus rapidement sur l'horizon, et qu'outre-cela l'erreur dans l'estime de la latitude n'en produit alors qu'une incomparablement plus petite dans l'angle horaire : mais il peut arriver, par la position de l'astre relativement à l'observateur, qu'il passe en dehors du premier vertical ; et, dans ce cas, il faut choisir le temps où il est à sa plus grande proximité du premier vertical, parceque son mouvement ascensionel est encore alors le plus grand possible, et que l'erreur dans la latitude supposée influe aussi le moins qu'il est possible sur l'angle horaire.

Il suit de là qu'on doit attendre, pour faire les observations, qu'on puisse relever l'astre à l'est, ou à l'ouest du monde, ou le plus près qu'il se peut de ces deux points. Dans le cas où l'astre ne parviendra à l'une ou l'autre de ces deux positions qu'étant sous l'horizon, le temps le plus convenable pour les observations sera celui du lever ou du coucher de l'astre : mais, comme les réfractions qui se font près de l'horizon éprouvent quelquefois des variations accidentelles considérables', il faut éviter d'observer des hauteurs moindres que trois ou quatre degrés; et encore alors faut-il avoir égard, dans le calcul, à l'état du thermometre et même du barometre, en appliquant aux hauteurs observées les corrections données par la table II.

On peut aussi déterminer par le calcul la position de l'astre la plus convenable pour les observations; et l'on trouve que c'est lorsque le cosinus de la distance polaire, divisé par le sinus de la latitude, est égal ou au sinus de la hauteur, ou à la cosécante de cette hauteur. Dans le premier cas, l'astre est dans le premier vertical; et dans le second, il est le plus près possible du premier vertical. C'est d'après cela que nous avons calculé la table XII, au moyen de laquelle, en connoissant la latitude et la distance polaire, on trouve la hauteur à laquelle l'astre doit être observé.

Calcul des observations de la latitude par des hauteurs prises à une très petite distance du méridien.

Nous avons parlé, dans le chapitre II, de cette maniere de déterminer la latitude; nous en donnerons ici un exemple.

Le 8 mars 1787, au matin, étant par une latitude estimée de 20° nord, et par une longitude de 50° à l'ouest de Paris, on a fait des observations des hauteurs du soleil pour en conclure l'avance ou le retard d'une montre à secondes, et on a trouvé que le midi devoit arriver à 11ʰ 53' 25" de cette montre; ensuite, peu de minutes avant l'heure connue de midi, on a commencé à observer des hauteurs du soleil avec le cercle de réflexion, et on a mesuré, par des observations croisées, quatre de ces hauteurs aux heures suivantes marquées par la montre.

$$
\begin{aligned}
&\text{Premiere, à } \dots\dots\dots\ 11^{\text{ʰ}}.\ 50'.\ \ 5'' \\
&\text{Seconde, à } \dots\dots\dots\ 11\ .\ 51\ .\ 42 \\
&\text{Troisieme, à } \dots\dots\dots\ 11\ .\ 53\ .\ 10 \\
&\text{Quatrieme, à } \dots\dots\dots\ 11\ .\ 57\ .\ 29
\end{aligned}
$$

Enfin les quatre hauteurs prises ensemble ont donné 299° 57': on demande la latitude.

On divisera d'abord par 4 l'angle total 299° 57', et on aura une premiere hauteur méridienne approchée 74° 59' 15.

On prendra ensuite la différence entre l'heure de la montre à midi, c'est-à-dire 11ʰ 53′ 25″, et l'heure de la montre au temps de chaque observation, et on aura

> Pour la premiere observation . . . . 3′. 20″
> Pour la seconde. . . . . 1 . 43
> Pour la troisieme . . . . 0 . 15
> Et pour la quatrieme . . . . 4 . 4

Enfin on cherchera la distance du soleil au pôle élevé sur l'horizon au temps de l'observation, et on la trouvera d'environ 94° 40′.

Cela posé, au moyen de la table X on cherchera la correction qui convient à la distance polaire trouvée, à la latitude supposée de 20°, et à l'intervalle d'une minute écoulée entre l'heure de midi et l'heure de l'observation, et on trouvera 4″, 4. Il s'agit maintenant d'en conclure les corrections qui conviennent aux intervalles trouvés ci-dessus. Or on sait qu'à de très petites distances du méridien les différences entre la hauteur méridienne et les hauteurs voisines sont, à très peu près, proportionnelles aux quarrés des temps écoulés depuis ou avant midi : on aura donc la correction qui convient à un intervalle donné, en multipliant la correction trouvée dans la table par le quarré du nombre de minutes compris dans cet intervalle. Ainsi la correction pour la premiere observation sera 4″, 4 multiplié par le quarré de $3\frac{1}{3}$; celle de la seconde observation sera 4″, 4 multiplié par le quarré de $1\frac{43}{60}$, et ainsi de suite.

Pour simplifier cette opération, j'ai formé la petite table XI dans laquelle la premiere colonne exprimant les intervalles écoulés, la seconde colonne donne les quarrés des nombres de minutes qui composent ces intervalles. Voici la maniere de faire usage de cette table.

On cherchera d'abord dans la premiere colonne le premier intervalle 3′ 20″, et on trouvera à côté le nombre. 11, 1
A côté du second intervalle 1′ 43″, on trouvera 3, 0
A côté du troisieme intervalle 15″. 0, 1
Et à côté du quatrieme intervalle 4′ 4″ 16, 5
                 Somme des nombres. 30, 7
                 Dont le quart est 7, 7

Ce nombre 7, 7 sera le terme moyen par lequel il faut multiplier la correction 4″, 4 pour avoir la correction moyenne des quatre observations : or 4″, 4 multiplié par 7, 7 donne . . .   34″

Ajoutant donc cette quantité à la hauteur moyenne approchée, trouvée ci-dessus . . . . 74°. 59′. 15″

On aura pour la HAUTEUR MÉRIDIENNE corrigée. . . . . 74 . 59 . 49

Il ne restera plus qu'à calculer la latitude d'après cette hauteur méridienne, de la maniere que nous l'avons expliqué précédemment.

Il est aisé de voir que cette maniere d'observer la latitude doit donner une grande précision, parceque la hauteur méridienne de l'astre se détermine par plusieurs observations croisées. Mais il est inutile de s'en servir dans les circonstances ordinaires de la navigation, parcequ'alors, ainsi que je l'ai déja dit ailleurs, une simple observation d'une hauteur méridienne de l'astre donne la latitude avec une exactitude suffisante.

Calcul des observations de la latitude par deux hauteurs du soleil, dont l'une est prise à une petite distance de midi, et l'autre quelques heures avant ou après midi.

EXEMPLE PREMIER.

Le 2 avril 1787, étant par 40° de longitude estimée à l'ouest de Paris, on a observé deux hauteurs du soleil.

La premiere observation a été faite à 0^h 22′ 39″ d'une montre à secondes, et a donné pour la hauteur vraie du centre de l'astre, toutes corrections faites, 61° 1′. La latitude estimée étoit alors 33° 13′ nord, et le soleil avoit été observé du côté du pôle abaissé sous l'horizon, c'est-à-dire du côté du pôle sud.

La seconde observation a été faite à 3^h 10′ 31″ de la montre, et a donné pour hauteur moyenne du centre de l'astre 37° 6′, la latitude estimée étant alors 33° 4′.

Enfin, dans l'intervalle des observations, le vaisseau a parcouru 7′ de longitude à l'ouest. On demande la latitude au temps de chaque observation.

1°. On calculera l'angle horaire de l'observation éloignée du méridien pour deux suppositions de latitude, dont l'une sera la latitude estimée, et l'autre sera cette même latitude augmentée de 10′.

2°. On cherchera l'angle horaire que le soleil aura décrit relativement au vaisseau dans l'intervalle des deux observations ; et, prenant la différence entre cet angle horaire et ceux qui auront été trouvés précédemment par le calcul de l'observation éloignée du méridien, on aura, pour les deux suppositions de latitude, l'angle horaire de l'observation voisine du méridien.

3°. Au moyen de ce second angle horaire, la hauteur de l'astre et sa distance polaire étant d'ailleurs connues, on calculera la latitude pour les deux suppositions.

4°. Enfin, des deux résultats ainsi trouvés, on conclura par interpollation la latitude cherchée.

Calcul de l'observation éloignée du méridien.

On cherchera la distance polaire au temps de l'observation éloignée du méridien qu'on trouvera de 84° 54', et ensuite, connoissant la hauteur observée 37° 6', on calculera l'angle horaire pour les deux suppositions de latitude, dont l'une sera la latitude estimée 33° 4', et l'autre sera 33° 4' + 10'. Voici le type de ce premier calcul.

		1re supposition.		2me supposition.
Hauteur du soleil	37°. 6'. 0″			
Latitude	33 . 4 . 0	com. cos. 0 . 0767372 . . + 10'. . .		0 . 0775623
Distance polaire	84 . 54 . 0	com. sin. 0 . 0017228		0 . 0017228
Somme	155 . 4 . 0			
Demi-somme	77 . 32'. 0	cos. 9 . 3341955 . . + 5 . . .		9 . 3313285
Demi-som. moins haut. .	40 . 26 . 0	sin. 9 . 8119521 . . + 5 . . .		9 . 8126923
Somme		19 . 2246076		19 . 2233059
Demi-somme		9 . 6123038		9 . 6116529
C'est le log. sin. du demi-ang. hor.		24°. 10'. 35″		24°. 8'. 16″
Ang. hor.		48 . 21 . 10		48 . 16 . 32

On voit que nous avons mis à côté l'un de l'autre les deux calculs de l'angle horaire pour les deux suppositions de latitude. Dans le second calcul le premier logarithme est le complément cosinus de 33° 4' + 10', ou 33° 14', parceque la latitude est supposée augmentée de 10'; le second logarithme est le même que dans le premier calcul, parceque la distance polaire est supposée n'avoir pas varié; le troisieme est le cosinus de la demi-somme augmentée de 5', parceque, la latitude étant supposée plus forte de 10', la demi-somme doit croître seulement de 5'; enfin le dernier logarithme est le sinus de 40° 26' + 5', ou 40° 31', parceque, dans la même supposition, la demi-somme moins la hauteur a augmenté également de 5'.

Angle horaire de l'observation voisine du méridien.

On cherchera d'abord l'angle horaire que le soleil aura décrit relativement au vaisseau.

La premiere observation a été faite à	0ʰ . 22' . 39″
La seconde a été faite à	3 . 10 . 31
Donc, intervalle des deux observations	2 . 47 . 52
Ce qui, réduit en degrés, donne	41° . 58'

Cet angle 41° 58′ est l'angle horaire réel décrit par le soleil dans l'intervalle des observations ; mais pendant ce temps-là le vaisseau a parcouru, dans le même sens que le soleil, 7′ de longitude à l'ouest, ce qui diminue d'autant le mouvement du soleil par rapport au vaisseau. Ainsi, de l'angle horaire ci-dessus, on retranchera . . 7′

Et on aura l'angle horaire relatif du soleil. . . . . 41°. 51

	1re supposition.	2me supposition.
Maintenant les angles horaires trouvés précédemment pour l'observation éloignée du méridien, sont	48°. 21′. 10″	48°. 16′. 32″
Prenant la différence entre ces angles et l'angle horaire relatif qu'on vient de trouver .	41 . 51 . 0	41 . 51 . 0
On aura les angles horaires de l'observation voisine du méridien	6 . 30 . 10	6 . 25 . 32

Calcul de l'observation voisine du méridien.

On cherchera la distance polaire au temps de l'observation voisine du méridien, qu'on trouvera de 84° 56′ 45″ ; ensuite on calculera la latitude ainsi que je vais l'expliquer, en faisant toujours le calcul pour les deux suppositions à la fois.

On écrira l'un au-dessous de l'autre le log. cos. de l'angle horaire et le log. tangente de la distance polaire : on prendra leur somme qu'on cherchera dans les log. tangentes des tables, et on aura pour chaque supposition un angle subsidiaire dont on se servira dans la suite du calcul. Il faut observer que si la distance polaire est plus grande que 90°, l'angle subsidiaire doit aussi être plus grand que 90°, et par conséquent il doit être alors le complément à 180° de l'angle donné par les tables.

Ensuite on écrira encore l'un au-dessous de l'autre, et toujours pour les deux suppositions, le log. sinus de l'angle subsidiaire, le log. sinus de la hauteur du soleil, le complément sinus de la distance polaire, et le complément cosinus du second angle horaire. La somme de ces quatre logarithmes sera le log. sinus d'un nouvel angle qu'on cherchera dans les log. sinus des tables.

Maintenant si, lors de l'observation voisine du méridien, le soleil s'est trouvé du côté du pôle abaissé sous l'horizon, on ajoutera le second angle trouvé à l'angle subsidiaire, et la somme sera le complément de la latitude à 180°. Mais si le soleil a été observé du côté du pôle élevé sur l'horizon, on aura la latitude en prenant la différence des deux angles trouvés. Voici le type du calcul.

log.

	1ʳᵉ supposition.	2ᵐᵉ supposition.
Log. cosinus angles horaires.	9 . 9971969	9 . 9972632
Log. tang. distance polaire 84° 56′ 45″	1 . o533445	1 . o533445
Somme. . . .	1 . o5o5414	1 . o5o6077
Ce sont les log. tang. des angles subsidiaires	84°. 54′. 47″	80°. 54′. 5o
Log. sinus des angles subsidiaires	9 . 9982862	9 . 9982866
Log. sinus de la hauteur 61° 1′.	9 . 9418893	9 . 9418893
Comp. sin. distance polaire 84° 56′ 45″	o . oo16919	o . oo16919
Comp. cos. des angles horaires	o . oo28o31	o . oo27368
Somme. . . .	9 . 9446705	9 . 9446046
Ce sont les log. sinus de. . . .	61°. 41′. 18″	61°. 40′. 20″
Ajoutant les angles subsidiaires parceque le soleil a été observé du côté du pôle abaissé.	84 . 54 . 47	84 . 54 . 5o
On aura les comp. de la latitude à 180°.	146 . 36 . 5	146 . 35 . 10
Donc latitude au temps de l'observation voisine du méridien dans les deux suppositions.	33 . 23 . 55	33 . 24 . 5o

Conclusion du calcul.

Il s'agit maintenant, au moyen des deux résultats qu'on vient de trouver, de conclure la vraie latitude : pour cela, de la premiere latitude on retranchera la seconde diminuée de 10′, et on aura une premiere différence. On retranchera pareillement de la premiere, la latitude estimée au temps de l'observation voisine du méridien, et on aura une seconde différence : ensuite on fera cette proportion. La premiere différence est à la seconde comme 10′ est à un quatrieme terme qu'on ajoutera à la latitude estimée si les différences sont toutes deux positives ou toutes deux négatives, ou qu'on en retranchera si une seule différence est négative ; ce qui donnera la latitude cherchée.

Premiere latitude corrigée	33°. 23′. 55″
Deuxieme latitude corrigée moins 10′ . .	33 . 14 . 5o
Premiere différence. . . .	9 . 5
Premiere latitude corrigée	33 . 23 . 55
Deuxieme latitude estimée	33 . 13 . o
Deuxieme différence. . . .	10 . 55

On fera donc cette proportion 9′ 5″ : 10′ 55″ : : 10′ à un quatrieme terme. On trouvera ce quatrieme terme en se servant de la table IX des log. logist.

Log. 10′ 55″	1 . 2172
Log. 10′	1 . 2553
Com. log. 9′ 5″	8 . 7o3o
	1 . 1755
C'est le logarithme de.	0°. 12′. 1″

Les deux différences étant positives l'une et l'autre, on ajoutera cette quantité à la latitude estimée . . . . 33 . 13 . 0

Et on aura la latitude cherchée . . . . 33 . 25 . 1

Deuxieme exemple.

Le 1ᵉʳ juillet 1787, étant par 49° à l'ouest de Paris, on a fait les
deux observations suivantes de la hauteur du soleil.

	Heures des observations.	Hauteurs observées.	Latitudes estimées.
Premiere	9ʰ . 23′ . 15″ . . .	43° . 2′ . 0″	2° . 59′
Seconde	12 . 31 . 7 . . .	63 . 17 . 30	3 . 2

Dans l'observation voisine du méridien, le soleil avoit été observé
du côté du pôle élevé sur l'horizon, c'est-à-dire du côté du nord :
enfin le vaisseau avoit parcouru 3′ de longitude à l'est dans l'intervalle des deux observations. On demande la latitude du vaisseau.

On trouve d'abord l'intervalle entre les deux observations . . 3ʰ . 7′ . 52″

Ce qui, réduit en degrés, donne . . . . 46 . 58 . 0

Mouvement du vaisseau à l'est, qui augmente le mouvement
relatif du soleil, et qu'il faut par conséquent ajouter.   3

Donc angle horaire relatif du soleil. . . . 47° . 1′ . 0″

Distance polaire au temps de la premiere observation . . . . 66 . 52 . 20
Et au temps de la deuxieme observation . . . . 66 . 52 . 40

Calcul de l'observation éloignée du méridien.

		1ʳᵉ supposition.		2ᵐᵉ supposition.
Hauteur du soleil	43° . 2′ . 0″			
Latitude	2 . 59 . 0	com. cos. 0 . 0005890 . .	+ 10′ . . .	0 . 0006567
Distance polaire	66 . 52 . 20	com. sin. 0 . 0363863		0 . 0363863
Somme	112 . 53 . 20			
Demi - somme. . . .	56 . 26 . 40	cos. 9 . 7425250 . .	+ 5 . 3 .	9 . 7415712
Demi-som. moins la haut.	13 . 24 . 40	sin. 9 . 3653692 . .	+ 5 . . .	9 . 3680098
Sommes		19 . 1448695		19 . 1466240
Demi-sommes		9 . 5724347		9 . 5733120
C'est le sin. du demi-ang. horaire. . . .		21° . 56′ . 21″		21° . 59′ . 9″
Angle horaire.		43 . 52 . 42		43 . 58 . 18
Ang. hor. relatif du soleil. . . .		47 . 1 . 0		47 . 1 . 0
Donc second angle horaire. . . .		3 . 8 . 18		3 . 2 . 42

Calcul de l'observation voisine du méridien.

	1re supposition.	2me supposition.
Log. cos. des seconds angles horaires trouvés	9 . 9993482	9 . 9993864
Tang. distance polaire 66° 52' 40"	0 . 3695776	0 . 3695776
Sommes . . .	0 . 3689258	0 . 3689640
Ce sont les log. tang. des angles subsidiaires	66°. 50'. 52"	66°. 50'. 55"
Log. sinus des angles subsidiaires	9 . 9635345	9 . 9635372
Log. sinus hauteur du soleil 63° 17' 30"	9 . 9510003	9 . 9510003
Com. sin. distance polaire 66° 52' 40"	0 . 0363683	0 . 0363683
Com. cos. des angles horaires	0 . 0006518	0 . 0006136
Sommes . . .	9 9515549	9 . 9515194
Ce sont les log. sinus des angles	63°. 26'. 15"	63°. 25'. 42"
Angles subsidiaires	66 . 50 . 52	66 . 50 . 55

Prenant les différences de ces deux angles, parceque le soleil a été observé du côté du pôle élevé, on aura les latitudes corrigées. . . . . 3 . 24 . 37   8 . 25 . 13

Conclusion du calcul.

Premiere latitude corrigée	3°. 24'. 37"	
Deuxieme latitude corrigée moins 10'	3 . 15 . 13	
Premiere différence . . .	0 . 9 . 24	com. log. 8 . 7179
Premiere latitude corrigée	3 . 24 . 37	
Deuxieme latitude estimée	3 . 2 . 0	
Deuxieme différence . . .	0 . 22 . 37	log. 9008
		log. 10' . . . . 1 . 2553
Somme . . .		0 . 8740
C'est le log. de		0°. 24'. 4"
Ajoutant la latitude estimée . . .		3 . 2 . 0
On aura la latitude cherchée . . .		3 . 26 . 4

Nous remarquerons ici que, si l'observation éloignée du méridien étoit faite lorsque l'astre passe au premier vertical, on pourroit se dispenser de faire le calcul pour deux suppositions de latitude. En effet, l'erreur dans la latitude supposée n'en produiroit alors qu'une insensible dans la valeur du premier angle horaire, non plus que dans celle du second angle horaire qui est conclu du premier : ainsi la premiere latitude corrigée donneroit tout de suite, et sans autre correction, la latitude cherchée.

Calcul des observations de l'azimut du soleil.

Le 4 juillet 1787, étant par 30° 43' de latitude estimée nord, et par une longitude de 48° à l'ouest de Paris, on a observé une hauteur du soleil qui, toutes corrections faites, a donné pour la hauteur du centre 7° 43', et en même temps on a relevé le soleil au compas à l'ouest 28° nord, ou au nord 62° ouest. On demande la variation du compas.

On cherchera d'abord, au moyen de *la Connoissance des Temps*, la distance polaire du soleil lors de l'observation, et on trouvera 67° 8'.

Cela posé, on écrira, les unes au-dessous des autres, la distance polaire, la hauteur de l'astre, et la latitude : on prendra la somme et la demi-somme de ces quantités, ainsi que la différence entre la demi-somme et la distance polaire ; ensuite on écrira à côté les compléments arithmétiques des logarithmes cosinus de la hauteur de l'astre et de la latitude, et les logarithmes cosinus de la demi-somme et de la différence ; on additionnera ces quatre logarithmes, et la moitié de leur somme sera le cosinus de la moitié de l'angle azimutal pris depuis le méridien du côté du pôle élevé. Prenant enfin le double de cet angle, et le retranchant du relevement fait au compas, compté pareillement depuis le méridien, on aura la variation cherchée.

Distance polaire . . . . 67°. 8'. 0″
Hauteur du centre . . . . 7 . 43 . 0　　comp. cos. 0.0039508
Latitude . . . . 30 . 43 . 0　　comp. cos. 0.0656512

　　　　　　　　　　　　Somme . . . 105 . 34 . 0
　　　　　　　　　　　Demi-somme . . . 52 . 47 . 0　　　　cos. 9.7816339
　　　Demi-somme moins la distance . . . 14 . 21 . 0　　　　cos. 9.9862340

　　　　　　　　　　　　　　　Somme 19.8374699
　　　　　　Demi-somme, ou cos. du demi-angle azimutal . . . 9.9187349
　　　　　Demi-angle azimutal, à commencer du nord . . . . 33°. 58'. 10″
　　　　　　　　　　　　Angle azimutal . . . 67 . 56 . 20

Relevement fait au compas, en comptant depuis le nord . . . . 62 . 0 . 0

Prenant la différence de ces deux quantités, on aura la déclinaison de l'aiguille, ou la variation . . . . 5 . 56 . 20

Pour savoir maintenant dans quel sens est cette variation, on remarquera que, pour faire marquer au compas un relevement égal à l'angle azimutal 67° 56', il auroit fallu faire tourner la rose dans le sens de l'est à l'ouest ; par conséquent la rose déclinoit à l'ouest.

On détermine plus ordinairement la variation du compas par l'observation du soleil à son lever ou à son coucher ; et on se sert, pour calculer ces observations, des tables d'amplitude qu'on trouve dans la plupart des ouvrages nautiques et que je donne ici (*voyez* table XIII) : mais il faut remarquer que ces tables sont calculées pour l'instant où le soleil est à l'horizon vrai, et l'on trouve qu'alors cet astre paroît élevé d'environ 18' au-dessus de l'horizon visuel de la mer. D'après cela il faut faire le relevement lorsque le bord inférieur du soleil est éloigné de l'horizon d'un peu plus que son demi-diametre. Voici un exemple du calcul de ces observations.

Le 23 avril 1787, étant par 50° de longitude à l'ouest de Paris, et par 30° de latitude nord, on a relevé au compas le soleil, à son coucher, de la maniere que nous l'avons dit, et le relevement a donné l'ouest 19° 30' nord. On demande la variation.

On cherchera d'abord, au moyen de *la Connoissance des Temps*, la déclinaison du soleil au temps de l'observation, et on la trouvera de 12° 44' nord. Cela posé, dans la table XIII, on cherchera l'amplitude qui convient à 30° de latitude et à 12° 44' de déclinaison, et on trouvera 14° 44 ; ce qui indique que le vrai gisement du soleil, par rapport au vaisseau, étoit . . . . l'ouest 14°. 44' nord.

Mais le compas donnoit. . . . . l'ouest 19 . 30

Donc le compas déclinoit de. . . . . 4 . 46

Et on verra aisément que la variation étoit Nord-Ouest.

Calcul des observations faites pour déterminer astronomiquement l'azimut d'un objet quelconque, ou l'air de vent auquel on releve cet objet.

Le 25 avril 1787, à 7ʰ½ du matin, étant par une latitude estimée de 28° 6' nord, et par une longitude de 19°½ à l'ouest de Paris, on a pris une hauteur du bord inférieur du soleil de 11° 42' ; en même temps un second observateur a mesuré avec un cercle de réflexion, ou avec un octant, la distance apparente entre le sommet d'une montagne vue dans l'éloignement, et le bord le plus voisin du soleil, et cette distance s'est trouvée de 46° 19'. La hauteur apparente de la montagne a été observée de 4° 5', et elle étoit du côté du nord par rapport au soleil. Enfin les observateurs étoient élevés de seize pieds au-dessus du niveau de la mer. On demande l'azimut de la montagne, ou l'air de vent auquel on la relevoit.

On cherchera d'abord la hauteur apparente et la hauteur vraie du centre du soleil, la distance apparente de cette montagne, et ensuite la distance du soleil au pôle élevé sur l'horizon.

Hauteur observée du bord inférieur du soleil . . . .   11°. 42'. 0"
Dépression de l'horizon à retrancher. . . . .   —   4 . 3

                               Il reste. . . .   11 . 37 . 57
Demi-diametre à ajouter. . . . .   +   15 . 56

Donc HAUTEUR APPARENTE du centre du soleil. . . . . .   11 . 53 . 53
Réfraction à retrancher. . . . .   —   4 . 24

Donc HAUTEUR VRAIE du centre du soleil. . . . .   11 . 49 . 29

Distance mesurée de la montagne au bord le plus voisin du
soleil. . . . .   16 . 19 . 0
Demi-diametre du soleil à ajouter . . . .   +   16 . 0

Donc distance APPARENTE du centre du soleil à la montagne   46 . 35 . 0

Hauteur observée de la montagne . . . .   4 . 5 . 0
Dépression pour seize pieds . . . .   —   4 . 0

Donc HAUTEUR APPARENTE de la montagne. . . . . . .   4 . 1 . 0

Enfin on trouvera pour LA DISTANCE du soleil au pôle élevé
sur l'horizon . . . .   103 . 13 . 0

Cela posé, on déterminera d'abord la distance azimutale entre
le pôle nord et le soleil, par la méthode donnée dans l'article précédent, et on trouvera cette distance de 112° 8'.

On cherchera ensuite la différence d'azimut entre le soleil et la
montagne, de la maniere suivante :

Distance apparente du soleil à la montagne . . . .   46°. 35'
Hauteur apparente du soleil. . . . .   11 . 54   comp. cos. 0 . 0094352
Hauteur apparente de la montagne. . . . .   4 . 1   comp. cos. 0 . 0010681

                  Somme. . . .   62 . 30
               Demi-somme. . . .   31 . 15   cos. 9 . 9319213
       Demi-somme moins la distance. . . .   15 . 20   cos. 9 . 9842589

                          Somme. . . .   19 . 9266835
                        Demi-somme. . . .   9 . 9633417
C'est le cosinus du demi-angle azimutal. . . . .   23°. 13'
Donc angle azimutal. . . . .   46 . 26
Mais on a trouvé ci-dessus l'angle azimutal du soleil . . . .   112 . 8

Retranchant l'un de l'autre, on aura l'azimut de la montagne . . . .   65 . 42

Ainsi cette montagne étoit au Nord 65° 42' Est de l'observateur,
ou à l'Est 24° 16' Nord.

Il est aisé de voir que cette maniere de déterminer le gisement de deux points donne une exactitude beaucoup plus grande que le compas ; on pourra donc s'en servir avec avantage dans les opérations hydrographiques qui demandent beaucoup de précision.

Calcul des observations de longitude, par les distances de la lune au soleil, faites par trois observateurs.

Le 26 avril 1787, à cinq heures du soir, étant par 16° 10′ de latitude nord, et par 27° de longitude estimée à l'ouest de Paris, le thermometre de Réaumur marquant 20°, et le barometre étant à 28 pouces, trois observateurs ont fait les observations suivantes des distances de la lune au soleil, et des hauteurs de ces deux astres sur l'horizon.

Hauteurs du bord inf. ☉.	Hauteurs du bord inf. ☾.	Angle total marqué par le cercle de réf.
19°. 14′. 30″	43°. 42′. 0″	
19 . 5 . 0	43 . 52 . 0	
18 . 51 . 0	44 . 5 . 0	
18 . 33 . 0	44 . 23 . 0	696°. 53′
18 . 17 . 30	44 . 39 . 0	
18 . 4 . 30	44 . 51 . 30	

Les observations des hauteurs ont été faites à 16 pieds au-dessus du niveau de la mer.

L'observateur qui mesuroit les distances des deux astres a eu l'attention de remarquer à chaque observation le point du champ de la lunette où il appercevoit le contact, et il en a conclu les déviations suivantes.

	Déviations.
Premiere observation	20
Deuxieme	40
Troisieme.	0
Quatrieme	35
Cinquieme.	15
Sixieme.	25

Enfin il avoit été reconnu, par une vérification antécédente, pareille à celle qui est expliquée pag. 22, que le grand miroir n'avoit pas ses surfaces exactement paralleles, et que, dans la mesure d'un angle de 93°, il donnoit 12″ de trop. On demande de conclure de ces observations la longitude du vaisseau.

1°. On réduira toutes les observations à une seule observation de la distance, et à une observation de la hauteur de chaque astre, qui seront censées faites au même instant.

2°. On trouvera, au moyen de *la Connoissance des Temps*, la parallaxe horizontale et le demi-diametre de la lune, ainsi que le demi-diametre du soleil au temps de l'observation.

3°. Ces premiers éléments de calcul étant connus, on cherchera la distance apparente des centres, et les hauteurs apparentes et vraies de chaque astre.

4°. On calculera la distance réduite des centres telle qu'elle seroit vue du centre de la terre.

5°. De la distance réduite connue, on conclura l'heure de Paris au temps de l'observation.

6°. On calculera l'heure du vaisseau.

7°. Enfin prenant la différence entre l'heure de Paris et l'heure du vaisseau, et réduisant cette différence en degrés, on aura la longitude du vaisseau.

Réduction des observations à trois observations simultanées.

On divisera par 6 les sommes des hauteurs observées de chaque astre, ainsi que l'angle total des six distances donné par le cercle de réflexion, et on aura les trois observations simultanées suivantes :

Hauteur moyenne du bord inférieur ⊙ . . .   18°. 40′. 55″
Hauteur moyenne du bord inférieur ☾ . . .   44 . 15 . 25
Distance moyenne observée ⊙☾ . . . . . . 116 . 8 . 50

Parallaxe horizontale ☾, et demi-diametre pris dans la Connoissance des Temps.

Pour trouver la parallaxe de la lune, je remarque qu'il étoit cinq heures du soir à bord du vaisseau lorsqu'on a fait l'observation, et que le vaisseau étoit 27°, ou en temps, 1ʰ 48′ à l'ouest de Paris ; par conséquent il étoit 6ʰ 48′ à Paris.

On

On cherchera donc la parallaxe de la lune pour le 26 avril à
6ʰ 48′, et on trouvera . . . . 56′ . 55″.

On trouvera aussi pour la même heure le demi‑diametre de la
lune. . . . . 15′ . 32″

Et ajoutant l'augmentation pour 44° de hauteur prise
dans la table IV.   11

On aura le demi‑diametre ☾ corrigé. . . . .   15 . 43
Enfin on aura le demi‑diametre du soleil pour le 26 avril. . . .   15 . 56

Distance apparente des centres et hauteurs apparentes et vraies de chaque astre.

Distance observée des deux bords des disques . . . . 116° . 8′ . 50″.
Ajoutant le demi‑diametre du ☉. . . . .   15 . 56
Et le demi‑diametre corrigé de ☾ . . . .   15 . 43

On aura une premiere distance apparente. . . . . 116 . 40 . 29

Mais il faut corriger cette distance des erreurs de
la déviation et du défaut de parallélisme qu'on a sup‑
posé dans les surfaces du grand miroir.

D'abord la table V donnera les corrections des dé‑
viations comme il suit.

On y trouvera pour l'angle observé de 116°, et pour
la premiere déviation supposée de 20′ . . . .   11″
Pour la deuxieme, de 40′   45
Pour la troisieme . . . .   o
Pour la quatrieme, de 25′   35
Pour la cinquieme, de 20′   11
Et pour la sixieme, de 25′   18

Somme. . . . 120

dont la sixieme partie est.   20

Retranchant cette quantité de la distance apparente ci‑des‑
sus, parceque l'effet de la déviation est toujours de donner
des angles trop grands, il restera . . . . 116 . 40 . 9

Pour avoir l'erreur du grand miroir, qui convient à l'angle mesuré
de 116°, on se servira de la table VI. On a supposé que ce miroir
donnoit 12″ de trop pour l'angle mesuré de 93°; mais, dans la
table VI, la correction pour 93° est 35″, et pour 116° elle est 74″.

H

On fera donc cette proportion $35'' : 74'' :: 12''$ est à un quatrieme terme qu'on trouvera $= 26''$, et ce sera la correction qui convient à l'angle observé $116°$; ainsi, le miroir donnant les angles trop grands, il faudra retrancher de la distance apparente. . $26''$

Et il restera la DISTANCE APPARENTE corrigée. . . . $116°. 39'. 43''$

Hauteur observée du bord inférieur du soleil . . . . $18 . 40 . 55$

Retranchant la dépression pour 16 pieds de hauteur. . . . $4 . 3$

Il restera. . . . . $18 . 36 . 52$

Ajoutant le demi-diametre. . . . . $15 . 56$

On aura LA HAUTEUR APPARENTE du centre du soleil . . . $18 . 52 . 48$

Ou plus simplement . . . $18 . 52 . 5o$

Retranchant la réfraction moins la parallaxe pour $18° 5o'$ de hauteur . . . . $2 . 37$

Il restera. . . . $18 . 5o . 13$

Ajoutant la correction de la table II pour $20°$ du thermometre et pour $19°$ de hauteur 6

Et, outre cela, pour 28 pouces de hauteur du barometre . 1

On aura LA HAUTEUR VRAIE du centre du soleil. . . . . $18 . 5o . 20$

Hauteur observée du bord inférieur de ☾ . . . . $44 . 15 . 25$

Dépression pour 16 pieds à retrancher . . . . $4 . 3$

Il restera. . . . $44 . 11 . 22$

Ajoutant le demi-diametre corrigé . . . . $15 . 43$

On aura LA HAUTEUR apparente du centre ☾ . . . . $44 . 27 . 5$

Ou plus simplement. . . . $44 . 27 . 1o$

Ajoutant la parallaxe moins la réfraction prise dans la table VII; savoir,

Pour $44° 27'$ de hauteur, et $56'$ de parallaxe horizontale. . $39 . 1$

Et pour la même hauteur et $55''$ de parallaxe . . . . $o . 39$

Enfin, pour la correction du thermometre et du barometre. 2

On aura LA HAUTEUR VRAIE du centre ☾ . . . . $45 . 6 . 52$

Calcul de la distance réduite.

On écrira d'abord, les unes sous les autres, la distance apparente des centres, la hauteur apparente du centre du soleil, et la hauteur apparente du centre de la lune; on prendra la somme et la demi-somme de ces trois quantités, et la différence de la demi-somme à la distance apparente; on écrira encore au-dessous, la hauteur vraie du centre du soleil, la hauteur vraie du centre de la lune, et la somme et demi-somme de ces deux hauteurs : après cela on mettra à côté des deux hauteurs apparentes les compléments arithmétiques des log. cosinus de ces hauteurs; et à côté de la demi-somme, de la demi-somme moins la distance, de la hauteur vraie du soleil, et de la hauteur vraie de la lune, les log. cosinus de ces quantités. On fera une somme de ces six logarithmes dont on prendra la moitié qu'on retranchera du log. cosinus de la demi-somme des deux hauteurs vraies, et on cherchera ensuite la différence dans les log. sinus des tables, ce qui donnera un angle subsidiaire A : enfin on prendra le log. cos. de cet angle A, qu'on ajoutera au log. cosinus de la demi-somme des hauteurs vraies, et on aura le log. sinus de la demi-distance réduite des centres. Le type suivant expliquera davantage la méthode.

Nous remarquerons que, pour avoir moins de parties proportionnelles à prendre dans les logarithmes, nous avons d'abord supprimé 43″ dans la distance apparente, et que nous les avons ensuite restituées à la fin du calcul; ce qui ne change rien au résultat. Si la somme des secondes des hauteurs apparentes n'avoit pas été un multiplié de 20″, alors il n'auroit fallu supprimer que 33″ de la distance apparente, et la somme des trois premieres quantités seroit devenue un multiplié de 20″.

Distance appar. ☉☾ . . . . . . 116°. 39′. 0″
Hauteur apparente ☉ . . . . . 18 . 52 . 50   com. cos. 0 . 0240192
Hauteur apparente ☾ . . . . . 44 . 27 . 10   com. cos. 0 . 1464065
            Somme . . . 179 . 59 . 0
            Demi-somme . . . 89 . 59 . 30   cos. 6 . 1626961
Demi-somme moins dist. . . . 26 . 39 . 30   cos. 9 . 9511907
Hauteur vraie ☉ . . . . { 18 . 50 . 20   cos. 9 . 9760886
Hauteur vraie ☾ . . . . } 45 . 6 . 52   cos. 9 8486158
            Somme . . . 63 . 57 . 12   Somme 36 . 1090169
                                  Demi-som. 18 . 0545084   dif. 8 . 1259775
            Demi-somme . . 31 . 58 . 36   cos. ₎ 9 . 9285309   A = 0 . 45′ . 57″
                                  cos. A ₎ 9 . 9999611
                                Somme . . 9 . 9284920
C'est le log. sinus de la demi-distance . . . . 58°. 0′. 54″
                           Distance . . . 116 1 . 48
Restituant la quantité supprimée. 43
On aura enfin la DISTANCE RÉDUITE . . . . 116 . 2 . 31

H ij

Calcul de l'heure de Paris au temps de l'observation.

La distance réduite étant ainsi trouvée, il faut en conclure l'heure de Paris au temps de l'observation. Pour cela, dans les tables des distances de la lune aux astres, insérées dans *la Connoissance des Temps*, on cherchera, pour le 26 avril, les deux distances de la lune au soleil, entre lesquelles se trouve la distance observée; on les mettra au-dessous de la distance réduite qu'on vient de trouver, en écrivant la premiere celle qui a précédé l'observation; ensuite on prendra les différences entre la premiere quantité et la seconde, et entre la seconde et la troisieme. Enfin on fera cette proportion : La seconde différence est à la premiere, comme trois heures est à un quatrieme terme qu'on ajoutera à l'heure de la distance qui a précédé l'observation, et on aura l'heure de Paris cherchée.

Distance réduite trouvée ci-dessus. . . . 116°. 2'. 31"

Distances prises ⎰ Premiere, à 6ʰ . . 115 . 39 . 5   diff. 0°. 23'. 26"
dans les tables. ⎱ Seconde, à 9 . . . 117 . 9 . 9   diff. 1 . 30 . 4

On fera donc cette proportion ,

$$1° 30' 4'' \; \colon \; 0° 23' 26'' \; \colon\colon \; 3^h \text{ est à un quatrieme terme.}$$

Pour trouver ce quatrieme terme, on se servira des log. logistiques de la table IX de la maniere suivante.

Du log. logistique du second terme. . . . . . . 0°. 23'. 26"   8854
On retranchera le log. du premier terme. . . . 1 . 30 . 4   3007

                                   Il restera. . .   5847
C'est le logarithme de . . . . 0ʰ. 46'. 50"
Qu'on ajoutera à l'heure de la distance qui précede . . . . . 6 . 0 . 0

Et on aura enfin L'HEURE DE PARIS . . . . 6 . 46 . 50

Calcul de l'heure du vaisseau.

L'heure de Paris étant connue, il sera aisé d'en conclure la distance polaire du soleil.

Déclinaison du soleil le 26 mai à midi . . . . 13°. 34'. 31" bor.
Et le 27 mai à midi . . . . 13 . 53 . 40

                        Différence. . . . 0 . 19 . 9

D'où on trouvera, en prenant les parties proportionnelles,
qu'à 6ʰ 47′, heure de Paris au temps de l'observation, la
déclinaison étoit . . . . 13 . 39 . 56 bor.
Et par conséquent la distance au pôle élevé . . . . 76 . 20 . 4
Ou simplement. . . . 76 . 20 . 0

Maintenant, au moyen de cette distance polaire connue, de la
latitude estimée 16°10′, et de la hauteur vraie du centre 18° 50′ 20″,
on calculera l'heure comme on l'a enseigné précédemment.

```
Hauteur vraie ☉. . .   18° . 50′ . 20″
Latitude. . . . . . . .   16 . 10 . 0      com. cos. 0 . 0175226
Distance polaire . . .   76 . 20 . 0      com. sin. 0 . 0124737
          Somme. . . .  111 . 20 . 20
        Demi- somme. . . .   55 . 40 . 10      cos.  9 . 7512533
Demi-somme —haut.   36 . 49 . 50      sin.  9 . 7777534
                          Somme. . .  19 . 5590030
                     Demi-somme. . .   9 . 7795015
C'est le log. sin. du demi-ang. hor. . . . . . . . . 37° . 0′ . 14
                      Multipliant par. .          8
On aura L'HEURE DU VAISSEAU . . . . . . . . .  4ʰ. 56′. 1″. 52‴
```

Conclusion du calcul.

HEURE DE PARIS trouvée ci - dessus. . . . . 6ʰ. 46′. 50″
HEURE DU VAISSEAU . . . . 4 . 56 . 2

Différence de longitude en temps entre le vaisseau et Paris . 1 . 50 . 48
Différence de LONGITUDE en degrés . . . . 27° . 42′ . 0
Dont le vaisseau sera plus ouest que Paris.

Pour mieux faire voir l'ensemble des opérations que nous venons d'expliquer, nous allons les réunir dans un seul tableau qui
montrera la disposition qu'on doit donner à toutes les parties du
calcul.

Éléments du calcul.

Latitude . . . . 16°. 10
Heure approchée. 5ʰ. 0
Long. estimée. . . 27 . 0
Heure de Paris . . 6ʰ. 48
Demi-diam. ☉ . . 15'. 56
Demi-diam. ☾ { 15 . 32
Aug. du ½ diam. { 0 . 11
Demi-diam. corr. 15'. 43"
Parall. hor. ☾ . . 56 . 55

Dis. obs. ☉☾ 116°. 8'. 50"
Dem. diam. ☉ 0 . 15 . 56
Dem. diam. ☾ 0 . 15 . 43
116 . 40 . 29
Déviat. . . . — 0 . 20
116 . 40 . 9
Err. du miroir — 0 . 26
Dist. AP. ☉☾ 116 . 39 . 43

Haut. obs. ☉ 18 . 40 . 55
Dép. de l'hor. — 4 . 3
18 . 36 . 52
Demi-diam ☉ + 15 . 56
HAUT. APP. ☉ 18 . 52 . 50
Réf. — par. . — 2 . 37
18 . 50 . 13
Corr. therm. + 0 . 6
Corr. bar. . . + 0 . 1
HAUT. AP. ☉ . 18 . 50 . 20

Haut. obs. ☾ . 44 . 15 . 25
Dép. de l'hor. — 4 . 3
44 . 11 . 22
Demi-diam. ☾ + 15 . 43
HAUT. APP. ☾ 44 . 27 . 10
Par. — réf. { + 39 . 1
{ + 0 . 39
Ther. et bar. . + 0 . 2
HAUT. VRAIE ☾ 45 . 6 . 52

Réduction de la distance.

Dist. app. ☉☾ 116°. 39'. 0"
Haut. app. ☉ . 18 . 52 . 50   com. cos. 0 . 0240192
Haut. app ☾ . 44 . 27 . 10   com. cos. 0 . 1464065
Somme. 179 . 59 . 0
Demi-somme. 89 . 59 . 30   cos. 6 . 1626961
Moins la dist. 26 . 39 . 30   cos. 9 . 9511907
Haut. vraie ☉ { 18 . 50 . 20   cos. 9 . 9760886
Haut. vraie ☾ { 45 . 6 . 52   cos. 9 . 8486158
Somme. 63 . 57 . 12   Somme 36 . 1090169
Dem. som. 18 . 0545084
Demi-somme . 31 . 58 . 36   cos. { 9 . 9285309
cos. A { 9 . 9999611
8 . 1259775 . sin. A
A = 0°. 45'. 57"
Somme 9 . 9284920
C'est le sin. de la demi-distance. . . . . 58°. 0'. 54"
Distance. . . . 116 . 1 . 48
Quantité restituée. . . . 0 . 0 . 43
DISTANCE RÉDUITE . . . 116 . 2 . 31
Dist. prises dans les tables. { 1re à 6ʰ 115 . 39 . 5
{ 2me à 9ʰ 117 . 9 . 9

Differ.   log. logi.
0°. 23 . 26"   8854
1 . 30 . 4   3007
Diff. . . . 5847
Ce qui répond à . . . 0ʰ. 46'. 50"
HEURE DE PARIS . 6 . 46 . 50

Calcul de l'heure du vaisseau.

Hauteur ☉. 18°. 50'. 20"
Latitude . . 16 . 10 . 0   com. cos 0.0175226
Dist. pol. . 76 . 20 . 0   com. sin. 0.0124737
Somme 111 . 20 . 20
Dem. som. 55 . 40 . 10   cos. 9.7512533
Moins haut. 36 . 49 . 50   sin. 9.7777534
Somme 19.5590030
Demi-somme 9.7795015
C'est le sin. du demi-angle hor. 37°. 0'. 14"
Multiplié par 8
HEURE DU VAISSEAU 4ʰ. 56'. 1". 52'''
HEURE DE PARIS 6 . 46 . 50
Différence en temps 1 . 50 . 48
LONG. A L'OUEST DE PARIS 27°. 42'

Déclinaison.

Décl le 26 13°. 34'. 31" bor.
Et le 27 13 . 53 . 40
Diff. en 24ʰ 0 . 19 . 9
Part. proportionnelles.
Pour 6ʰ { 0 . 4 . 47
Pour 45' { 0 . 0 . 36
Pour 2' { 0 . 0 . 2
Pour 6ʰ 47' 0 . 5 . 25
Déclin. . 13 . 39 . 56
Dist. pol. 76 . 20 . 0

Calcul des observations de longitude faites par un seul observateur.

Le 26 avril 1787, étant par la même latitude et la même longitude qui ont été supposées dans l'exemple précédent, un observateur a fait, avec le cercle de réflexion, les observations suivantes des distances du soleil à la lune, et des hauteurs de ces deux astres sur l'horizon, en marquant l'heure d'une montre à secondes à l'instant de chaque observation.

	Heures des observations.	Angles donnés par le cercle de réflexion.
Premieres observations du bord inférieur du soleil.	{ 4^h . 58$'$. 3$''$ } { 4 . 58 . 48 }	.. 39° . 52$'$
Premieres observations du bord inférieur de la lune.	{ 4 . 59 . 40 } { 5 . 0 . 15 }	.. 86 . 45
Observations des distances.	5 . 1 . 20 5 . 2 . 1 5 . 2 . 59 5 . 4 . 15 5 . 5 . 21 5 . 6 . 12	.. 696 . 53
Secondes observations du bord inférieur du soleil.	{ 5 . 7 . 25 } { 5 . 8 . 5 }	.. 35 . 26
Secondes observations du bord inférieur de la lune.	{ 5 . 8 . 59 } { 5 . 9 . 45 }	.. 91 . 13

On demande de conclure de ces observations la longitude du vaisseau.

On prendra d'abord la somme des heures auxquelles on a observé les deux premieres hauteurs du soleil, et on la divisera par 2, ainsi que l'angle total des deux hauteurs donné par le cercle de réflexion; on fera la même chose pour les deux premieres hauteurs de la lune, et ensuite pour les secondes hauteurs du soleil et les secondes hauteurs de la lune; on prendra également la somme des heures auxquelles on a observé les distances, qu'on divisera par 6, ainsi que l'angle total des six distances donné par le cercle de réflexion, et alors toutes les observations seront réduites aux cinq suivantes.

Premiere hauteur du ⊙ . . .	19° . 56$'$. 0$''$	4^h . 58$'$. 25$''$
Premiere hauteur de ☾ . . .	43 . 22 . 30	4 . 59 . 58
Distances ⊙☾ . . .	116 . 8 . 50	5 . 3 . 41
Deuxieme hauteur du ⊙ . . .	17 . 43 . 0	5 . 7 . 45
Deuxieme hauteur de ☾ . . .	45 . 36 . 30	5 . 9 . 22

Il faut maintenant réduire les hauteurs de chaque astre à l'heure de la distance observée, ou, ce qui est la même chose, chercher quelle étoit la hauteur de chaque astre à 5^h 3$'$ 41$''$, temps de l'observation moyenne des distances.

Pour cela on prendra d'abord la différence entre les deux hauteurs de chaque astre, ainsi qu'entre les heures correspondantes ; ensuite la différence entre l'heure de la premiere hauteur et l'heure de la distance moyenne des deux astres : et on fera cette proportion :

> La différence entre les heures des hauteurs de l'astre est à la différence de ces mêmes hauteurs
>
> Comme la différence entre l'heure de la premiere hauteur et l'heure de la distance moyenne
>
> Est à un quatrieme terme

On ajoutera ce quatrieme terme à la premiere hauteur, ou on l'en retranchera, suivant que la hauteur de l'astre ira en augmentant ou en diminuant, et on aura alors la hauteur de l'astre correspondante à la distance moyenne. Commençons par les hauteurs du soleil.

Différences.

Heure de la premiere hauteur du soleil. . 4^h . $58'$. $25''$ } . . 0° . $9'$. $20''$
Heure de la deuxieme hauteur. . . . . .   5 . 7 . 45

Premiere hauteur du soleil. . . . . 19 . 56 . 0 } . . 2 . 13 . 0
Deuxieme hauteur. . . . . 17 , 43 . 0

Heure de la premiere hauteur. . . . . .   4 . 58 . 25 } . , 0 . 5 . 16
Heure de la distance moyenne. . . , . .   5 . 3 . 41

On fera donc cette proportion,

$9'20'' : 2^o13' :: 5'16''$ est à un quatrieme terme qu'on trouvera égal à. . . . . , ... 1°, $15'$, $0''$.

La hauteur du soleil ayant été en diminuant pendant l'observation, on retranchera cette quantité de la premiere hauteur du soleil , ... 19 . 56 . 0

Et il restera LA HAUTEUR du soleil au temps de l'observation de la distance moyenne.. . . . . 18 . 41 . 0

Faisant les mêmes opérations pour les hauteurs de la lune, on parviendra à cette proportion,

$9'24'' : 2^o14' :: 3'43''$ est à un quatrieme terme qu'on trouvera égal à. . . . . 0 . $52'$, 58

La hauteur de la lune ayant été en augmentant, on ajoutera cette quantité à la premiere hauteur . . . . 43 . 22 . 30
Et on aura LA HAUTEUR cherchée de la lune. . . . . 44 . 15 . 28

D'après

D'après cela toutes les observations se trouveront réduites aux trois observations simultanées suivantes :

Hauteur du bord inférieur ☉.	Hauteur du bord inférieur ☾.	Distance des deux disques.
18°. 41'. 0″	44°. 12'. 48″	116°. 8'. 50″

Il ne restera plus qu'à calculer ces observations par le procédé expliqué dans l'exemple précédent.

Calcul des observations de longitude par les distances de la lune aux étoiles.

Il y a plusieurs manieres de faire ces observations : la premiere, en opérant comme pour les observations des distances de la lune au soleil, soit qu'on emploie trois observateurs, soit qu'on n'en emploie qu'un seul ; la deuxieme, en ne se servant des hauteurs observées de l'étoile et de la lune que pour faire la réduction de la distance, et déterminant l'heure du vaisseau par l'heure d'une montre à secondes, réglée, pendant le jour, par des observations des hauteurs du soleil ; la troisieme, en réglant aussi une montre à secondes, pendant le jour, par des observations du soleil, et déterminant ensuite par le calcul les hauteurs de la lune et de l'étoile au temps des observations des distances, pour en conclure la distance réduite.

Premiere maniere, *en faisant les mêmes opérations que pour les distances du soleil à la lune.*

Le calcul des observations faites de cette maniere ne differe de celui que nous avons expliqué précédemment qu'en ce que l'heure du vaisseau se détermine par les hauteurs observées de l'étoile ; et pour cela il faut se servir de la méthode enseignée pag. 40 : cette heure étant connue, ainsi que celle de Paris, conclue de la distance réduite, on trouvera la longitude du vaisseau comme ci-dessus.

Nous remarquerons qu'on observe difficilement les hauteurs des étoiles avec quelque précision, parceque l'horizon ne s'apperçoit jamais bien distinctement pendant la nuit. Il suit de là qu'en déterminant l'heure du vaisseau par les hauteurs des étoiles, on peut quelquefois commettre des erreurs assez considérables. On évitera ces erreurs si on a une bonne montre à secondes, et qu'on emploie l'une ou l'autre des deux manieres d'observer dont nous allons parler, et sur-tout la derniere.

I

Deuxieme maniere.

On prendra pendant le jour des hauteurs du soleil pour en conclure l'heure du vaisseau et l'avance ou le retard de la montre ; ensuite, pendant la nuit, on fera les observations des distances de la lune à l'étoile, et des hauteurs de ces deux astres sur l'horizon, de la même maniere que nous l'avons dit pour les observations des distances de la lune au soleil. Cela posé, connoissant l'avance ou le retard de la montre, l'heure de la montre au temps de l'observation moyenne des distances, et enfin le chemin parcouru par le vaisseau depuis le temps où on a fait les observations du soleil jusqu'à celui où on a pris les distances, on trouvera l'heure vraie du vaisseau ; après cela, par la distance et les hauteurs des deux astres, on calculera la distance réduite comme nous l'avons expliqué ci-dessus, et il sera aisé ensuite d'en conclure la longitude.

Troisieme maniere.

Cette troisieme maniere est moins embarrassante pour l'observateur que les deux premieres ; elle est en même temps plus précise : mais comme elle exige beaucoup de calculs, il est nécessaire que nous en donnions un exemple que nous expliquerons avec détail.

Exemple.

Le 21 avril 1787, étant par 44° 50′ de longitude estimée à l'ouest de Paris, et par 14° 58′ de latitude nord, on a observé, vers $4^h\frac{3}{4}$, plusieurs hauteurs du soleil qui ont donné pour hauteur vraie du centre de l'astre, toutes corrections faites, 19° 42′, et l'heure moyenne marquée par la montre étoit alors 4^h 45′ 7″.

Le même jour, vers 7 heures du soir, étant par 45° 30′ de longitude estimée, et par 15° 10′ de latitude, on a pris plusieurs distances de l'étoile α du lion à la partie la plus éloignée du disque de la lune, qui étoit alors le côté éclairé de cet astre, et la distance moyenne a été trouvée de 62° 12′ 15″, l'heure moyenne de la montre étant 7^h 0′ 48″. On demande la longitude du vaisseau.

Voici l'ordre qu'on suivra dans les opérations du calcul.

1°. Par les observations des hauteurs du soleil, on calculera l'angle horaire du vaisseau au temps de ces observations, et on en conclura l'heure du vaisseau et l'heure de Paris pour le temps où les observations des distances ont été faites.

2°. On calculera l'angle horaire et la distance polaire de chaque astre.

3°. On se servira de ces angles horaires et distances polaires pour calculer les hauteurs vraies, et ensuite les hauteurs apparentes et la distance apparente des deux astres.

4°. On fera le calcul de la distance réduite comme on l'a enseigné précédemment, et on en conclura l'heure de Paris au temps de l'observation. Retranchant ensuite l'heure de Paris de l'heure du vaisseau, on déterminera la longitude.

Calcul de l'heure de Paris et de l'heure du vaisseau au temps de l'observation des distances.

On trouvera, au moyen de *la Connoissance des Temps*, que la distance polaire du soleil, au temps des observations des hauteurs, étoit de 77° 58′; la latitude estimée étoit alors 14° 58′, et la hauteur du centre 19° 42′. Calculant l'angle horaire d'après ces données, et réduisant cet angle en temps,

On trouvera pour l'heure du vaisseau, à l'instant de ces premieres observations . . . . 4ʰ. 50′. 13″

Mais la montre marquoit. . . . 4 . 45 . 7

Donc retard de la montre. . . . 5 . 6

Ajoutant cette quantité à l'heure de la montre, au temps des observations des distances . . . . 7 . 0 . 48

On aura l'heure du vaisseau rapportée au méridien où on avoit observé les hauteurs du soleil. . . . . 7 . 5 . 34

Mais ce méridien étoit plus Est que celui où on a observé les distances de 40′ de degré, ou 2′ 40″ d'heure : par conséquent l'heure comptée sous ce premier méridien seroit trop grande de . . . . 2 . 40

Retranchant cette quantité de la premiere, on aura L'HEURE DU VAISSEAU au temps de l'observation des distances . . . . . 7 . 3 . 14

Et comme le vaisseau étoit supposé 45° 30′ à l'est de Paris, ou en temps . . . . 3 . 2 . 0

Il s'ensuit que L'HEURE APPROCHÉE DE PARIS étoit. . . . 10 . 5 . 14

Calculs des angles horaires et des distances polaires.

Pour trouver les angles horaires, il faut d'abord connoître l'ascension droite du soleil, et ensuite l'ascension droite du méridien du vaisseau.

La Connoissance des Temps donne la distance de l'équinoxe au soleil pour le 21 avril à midi. . . . . 22^h . 3$'$. 34$''$

Et pour le 22 avril à midi . . . . 21 . 59 . 50

Diminution en 24 heures. . . .   3 . 34

Ainsi pour 10^h 5$'$, heure approchée de Paris, lors des observations de la lune, la diminution étoit . . . .   1 . 34

D'où on trouve la distance de l'équinoxe au soleil.. . . . 22 . 2 . 0

Prenant le complément de cette quantité à 24 heures, on aura l'ascension droite du soleil en temps . . . . 1 . 58 . 0

Qui, étant ajoutée à l'heure du vaisseau trouvée ci-dessus . 7 . 3 . 14

Donnera l'ascension droite du méridien du vaisseau, exprimée en temps . . . . 9 . 1 . 14

Et en degrés. . . . 135 . 18 . 30

Il sera maintenant aisé de trouver l'angle horaire de chaque astre.

Cherchant d'abord dans *la Connoissance des Temps* l'ascension droite de l'étoile *α* du lion pour l'année 1787, on trouvera . . . . 149° . 15$'$. 0$''$.

Ascension droite du méridien du vaisseau. . . . . 135 . 18 . 30

Prenant la différence entre ces deux ascensions droites, on aura l'angle horaire de l'étoile . . . . 13 . 56 . 30

Ascension droite de la lune, calculée au moyen de *la Connoissance des Temps*, pour le 21 avril à midi . . . . . . 78 . 23 . 0

Et pour le même jour à minuit. . . . 86 . 25 . 0

Donc augmentation en 12 heures. . . . 8 . 2 . 0

D'où on trouvera l'augmentation pour 10^h 5$'$ . . . . 6 . 45 . 0

Et par conséquent on aura l'ascension droite de la lune . . 85 . 10 . 0

Ascension droite du méridien du vaisseau. . . . . 135 . 18 . 30

Différence, ou angle horaire de la lune. . . . 50 . 10 . 30

Quant aux distances polaires des deux astres, on trouvera dans *la Connoissance des Temps* la déclinaison de l'étoile pour l'année 1787 . . . . 13 . 0 . 16

Ce qui donnera pour sa distance au pôle nord élevé sur l'horizon. . . . . 76 . 59 . 44

Ou simplement. . . . 77 , 0 . 0

On trouvera aussi dans *la Connoissance des Temps* la déclinaison de la lune, le 21 à 6 heures du soir. . . . . 24°. 31′ bor.

Et le même jour à 12 heures. . . . 24 . 21

Différence en 6 heures. . . . 0 . 10

Donc, à 10ʰ 5′, la différence étoit. . . . 0 . 7

Donc, déclinaison à cette heure-là. . . . 24 . 24

Et par conséquent SA DISTANCE au pôle élevé. . . . 65 . 36

Calcul des hauteurs des deux astres.

Connoissant la latitude, les angles horaires, et les distances polaires, on trouvera les hauteurs comme il suit.

On écrira d'abord l'angle horaire dont on prendra la moitié, et
on mettra au-dessous la distance polaire de l'astre et la latitude du
vaisseau ; on prendra la somme de ces deux dernieres quantités, la
différence de leur somme à 90°, et la moitié de cette différence ; ensuite on écrira à côté le log. sinus du demi-angle horaire, la moitié
du log. sinus de la distance polaire, la moitié du log. cosinus de la
latitude, et le complément sinus de la demi-différence à 90°. La
somme de ces quatre logarithmes sera le log. tangente d'un angle
subsidiaire dont on prendra le comp. cosinus qu'on ajoutera au
log. sinus de la demi-différence, à 90°, et on aura le log. sinus de la
demi-distance au zénith, d'où on conclura aisément la hauteur.
Voici le type du calcul tant pour l'étoile que pour la lune.

	Hauteur de l'étoile.				Hauteur de la lune.		
Angle horaire.	13°. 56′. 30″			50°. 10′. 30″			
Dont la moitié.	6 . 58 . 15	sin. 9 . 0849001		25 . 5 . 15	sin. 9 . 6273678		
Dist. polaire.	{ 77 . 0 . 0	dem. sin. 4 . 9943620		{ 65 . 36 . 0	dem. sin. 4 . 9796337		
Latitude . .	{ 15 . 10 . 0	dem. cos. 4 . 9923016		{ 15 . 10 . 0	dem. cos. 4 . 9923016		
Somme . .	92 . 10 . 0			80 . 46 . 0			
Diff. à 90°, . .	2 . 10 . 0			9 . 14 . 0			
Demi-diff. . .	1 . 5 . 0	com. sin. 1 . 7233864		4 . 37 . 0	com. sin. 1 . 0942642		
Somme .	0 . 7949501			0 . 6935673			
C'est la tang. d'un angle subsidiaire .	80°. 53′. 26″			78°. 33′. 8″			
Com. cos. angle subsidiaire	{ 0 . 8004620			{ 0 . 7022949			
Sin. demi-différence	{ 8 . 2766136			{ 8 . 9057358			
Somme.	9 . 0770756			9 . 6080307			
C'est le sin. demi-distance au zénith .	6°. 51′. 31″			23°. 55′. 30			
Distance au zénith.	13 . 43 . 0			47 . 51 . 0			
HAUTEUR DE LA LUNE. . . .	76 . 17 . 0			HAUTEUR DE L'ÉTOILE . . . 42 . 9 . 0			

Les hauteurs qu'on vient de trouver sont les hauteurs vraies des deux astres : il faut maintenant chercher les hauteurs apparentes.

On aura la hauteur apparente de l'étoile en ajoutant à la hauteur vraie la réfraction qui convient à cette hauteur.

Hauteur vraie de l'étoile . . . . 76°. 17'. 0"
Réfraction qui convient à cette hauteur. . . . . . , . . . 14

Donc HAUTEUR apparente. . . . 76 . 17 . 14

Pour avoir la hauteur apparente de la lune, on cherchera d'abord dans *la Connoissance des Temps* la parallaxe horizontale pour le temps de l'observation, et on la trouvera de . . . .   60'. 9"

Cela posé, la hauteur vraie de la lune étant. . . 42°. 9'. 0".

On prendra dans la table VIII la parallaxe de hauteur moins la réfraction qui convient à la hauteur 42° 9' et à la parallaxe horizontale 60' 9", et on trouvera. . . . .   43 . 33

Qui, étant retranchées de 42° 9', donneront une premiere hauteur apparente approchée. . . . . 41 . 25 . 27

Cherchant maintenant la correction de la même table VIII pour la même parall. horiz. 60' 9", et la hauteur approchée 41° 25' 27", on trouvera la vraie parallaxe de hauteur. . . . .   44 . 2

Et enfin retranchant cette derniere quantité de la hauteur vraie . . . . 42 . 9 . 0

On aura la HAUTEUR apparente ☾. . . . 41 . 24 . 58

Il reste encore à trouver la distance apparente de l'étoile au centre de la lune.

Dist. observée de l'étoile au bord le plus éloigné de ☾. . . . 62°. 12'. 15"
Demi-diam. ☾ au temps de l'observation. . . 16'. 25"
Augmentation pour 42° de hauteur.   11
                Donc demi-diametre corrigé. . . . .   16 . 36

Retranchant ce demi-diametre de la distance observée, parceque c'est la distance de l'étoile au bord le plus éloigné qui a été mesurée, on aura

La DISTANCE apparente de l'étoile à la lune . . . . 61 . 55 . 39

Les hauteurs vraies et apparentes, et la distance apparente, étant ainsi connues, on calculera la distance réduite par la méthode ordinaire, et on calculera la longitude comme il suit.

Distance des astres. . . . . . . 61°. 55'. 39″
Hauteur apparente de l'étoile. . 76 . 17 . 14   com.cos. 0.6251512
Hauteur apparente de la lune. . 41 . 24 . 58   com.cos. 0.1249821
            Somme . . 179 . 37 . 51
            Demi-somme . . . 89 . 48 . 55   cos. 7.5083980
Demi-som. — distance. . . . . 27 . 53 . 16   cos. 9.9463861
Hauteur vraie de l'étoile . . . { 76 . 17 . 0   cos. 9.3749696
Hauteur vraie de la lune . . . { 42 . 9 . 0   cos. 9.8700470
            Somme. . . 118 . 26 . 0   Somme 37.4499540
                                    Dem.som. 18.7249670
      Demi-somme . . . 59 . 13 . 0   cos. 9.7090943 9.0158727
                                    cos A 9.9976514 A = 5°. 57'. 12″
                                    Somme 9.7067457
      C'est le log. sin. demi-distance. . . . . . . 30°. 35'. 58″
                                                                    log. logi.
                  Distance réduite. . . 61 . 11 . 56   5998
Distances prises { Première, à 9 heures. . 61 . 57 . 10   0°. 45'. 14″
dans les tables. { Seconde, à 12 heures. . 60 . 8 . 16   1 . 48 . 54 —   2182
                                                                    3814

Ce qui répond à . . . . 1ʰ. 14'. 48″
Heure de la première distance . . . . 9 . 0 . 0
Par conséquent HEURE DE PARIS. . . . . 10 . 14 . 48

HEURE DU VAISSEAU trouvée ci-dessus . . . . 7 . 3 . 14
Différence. . . . . 3 . 11 . 34
Différence en degrés ou LONGITUDE. . . . .   47°. 54″

Calcul des observations de longitude, en ayant égard à l'applatissement de la terre.

J'ai cru pouvoir donner ici la maniere d'appliquer aux observations de longitude les corrections relatives à l'applatissement de la terre, parceque j'ai réduit ces corrections à des opérations très simples qui n'exigent presque pas de calcul.

On corrigera d'abord, par la table VII, la parallaxe horizontale de la lune prise dans *la Connoissance des Temps*, et qui est calculée pour la latitude de Paris. Ensuite, employant cette parallaxe corrigée, on cherchera la distance réduite des deux astres par la méthode que nous avons donnée ci-dessus.

Cette distance réduite étant trouvée, on y fera les deux corrections suivantes.

1°. On écrira les uns sous les autres le log. du nombre 34, le log. sinus de la latitude, le log. cosinus de la distance polaire du soleil et le complément log. sinus de la distance des deux astres; la somme de ces quatre logarithmes sera le log. du nombre de secondes de la première correction.

2°. On écrira encore le log. du nombre 34, et le log. sinus de la latitude ; ensuite le log. cosinus de la distance polaire de la lune, et le log. tangente de la distance des deux astres moins 90° : la somme de ces quatre logarithmes sera le log. du nombre de secondes de la seconde correction.

Enfin on ajoutera ces deux corrections à la distance réduite ci-dessus, et on aura la distance des deux astres corrigée de l'applatissement de la terre.

Supposons que l'observation à calculer soit celle de l'exemple Ier, dans lequel on a

La latitude.	=	16° . 0'
La distance polaire ☉	=	76 . 20
La distance polaire ☾	=	83 . 15
La distance observée.	=	116 . 40
La parallaxe horizontale ☾	=	56 . 55

D'abord, dans la table VII, on trouvera pour la latitude de 16°, et pour la parallaxe de 57', une correction de 12″ qu'on ajoutera à la parallaxe 56′ 55″, et on aura 57′ 7″. Calculant ensuite la distance réduite, en employant la nouvelle parallaxe 57′ 7″, on trouvera 116° 2′ 22″.

Il restera à corriger les distances suivant les formules ci-dessus,

<pre>
Log. du nombre 34 . . . .   1 . 5315
Log. sinus de la latitude 16° . . . .   9 . 4403
Log. cos. de la distance polaire ☉ 76° 20′. .   9 . 3734
Comp. log. sinus de la distance ☉☾ . . . . .   0 . 0501
                                Somme. . . .   0 . 3953
C'est le log. de . . . .   2″, 5

Log. du nombre 34 . . . .   1 . 5315
Log. sinus de la latitude 16° . . . .   9 . 4403
Log cos. distance polaire ☾ . . 83°. 15′. .   9 . 0701
Log. tang. dist. ☉☾ — 90°, ou 26 . 40 . .   9 . 7009
                                Somme. . . .   9 . 7428
C'est le log. de 0, 6
</pre>

Prenant la somme de ces deux corrections, on aura 3″, 1, ou 3″ qu'on ajoutera à 116° 2′ 22″, et on aura la distance corrigée de l'applatissement de la terre 116° 2′ 25″.

On remarquera que si, dans la première correction, la distance polaire du soleil se trouvoit plus grande que 90°, alors cette première correction seroit négative.

La seconde correction seroit aussi négative, si la distance polaire de la lune se trouvoit plus grande que 90°, ou si la distance des deux astres étoit plus petite que 90° ; mais si les deux conditions avoient lieu en même temps, cette seconde correction redeviendroit positive.

DÉMONSTRATIONS

DÉMONSTRATIONS

DES FORMULES DE CALCUL

EMPLOYÉES DANS CE CHAPITRE.

Formule de calcul employée page 39 pour la détermination de l'heure.

Soit P (*fig.* 1) le pôle élevé sur l'horizon; Z le zénith; S le lieu de l'astre observé. On sait que, dans tout triangle sphérique, on a en général le cosinus d'un des angles du triangle égal au cosinus du côté opposé, moins le produit des cosinus des côtés adjacents, divisé par le produit des sinus de ces côtés adjacents : ainsi, dans le triangle ZPS, on a

$$\cos.\text{ZPS} = \frac{\cos.\text{ZS} - \cos.\text{PZ}.\cos.\text{PS}}{\sin.\text{PZ}.\sin.\text{PS}}.$$

Cela posé, si on appelle A l'angle horaire ZPS ; E la hauteur de l'astre, ou le complément de ZS ; L la latitude, ou le complément de PZ ; et enfin D la distance polaire PS, on aura

$$\cos.\text{A} = \frac{\sin.\text{E} - \sin.\text{L}\cos.\text{D}}{\cos.\text{L}\sin.\text{D}}.$$

Mais, par les regles ordinaires de Trigonométrie,

$$\cos.\text{A} = 1 - 2\sin.\tfrac{1}{2}\text{A}^2.$$

$$\sin.\text{L}\cos.\text{D} = \sin.\text{L} + \text{D} - \sin.\text{D}\cos.\text{L}.$$

Mettant ces valeurs dans l'équation, elle deviendra celle-ci :

$$2\sin.\tfrac{1}{2}\text{A}^2 = \frac{\sin.(\text{L} + \text{D}) - \sin.\text{E}}{\cos.\text{L}\sin.\text{D}}.$$

Et comme sin. $(\text{L} + \text{D})$ — sin. E $= 2\cos.\tfrac{1}{2}(\text{L} + \text{D} + \text{E}).$ sin. $\tfrac{1}{2}(\text{L} + \text{D} - \text{E})$, on aura

$$\sin.\tfrac{1}{2}\text{A}^2 = \frac{\cos.\tfrac{1}{2}(\text{L} + \text{D} + \text{E})\sin.\tfrac{1}{2}(\text{L} + \text{D} - \text{E})}{\cos.\text{L}\sin.\text{D}}.$$

K

D'où l'on voit qu'en ajoutant ensemble le complément du log. cosinus de la latitude, le complément du log. sinus de la distance polaire, le log. cosinus de la demi-somme, et le log. sinus de la demi-somme moins la hauteur, la somme de ces quatre logarithmes sera le double du log. sinus du demi-angle horaire ; et c'est la formule dont nous avons fait usage.

Formule de la page 52 pour trouver l'angle azimutal.

On a, pour déterminer l'angle azimutal SZP (*fig.* 1), l'équation

$$\cos.\text{SZP} = \frac{\cos.\text{ZP} - \cos.\text{SZ} \cos.\text{SZ}}{\sin.\text{PZ} . \sin.\text{SZ}} ;$$

ce qui, en employant les dénominations ci-dessus, et appellant B l'angle SZP, donne

$$\cos.\text{B} = \frac{\cos.\text{D} - \sin.\text{L} \sin.\text{E}}{\cos.\text{L} \cos.\text{E}}.$$

Mais $\cos.\text{B} = 1 - 2\sin.\tfrac{1}{2}\text{B}^2 = 1 - 2\,(1 - \cos.\tfrac{1}{2}\text{B}^2) = 2\cos.\tfrac{1}{2}\text{B}^2 - 1,$

$$\sin.\text{L} \sin.\text{E} = \cos.\text{L} \cos.\text{E} - \cos.(\text{L} + \text{E}).$$

Mettant ces valeurs dans l'équation, on aura

$$2\cos.\tfrac{1}{2}\text{B}^2 = \frac{\cos.\text{D} + \cos.(\text{L} + \text{E})}{\cos.\text{L} \cos.\text{E}}.$$

Or $\cos.\text{D} + \cos.(\text{L} + \text{E}) = 2\cos.\tfrac{1}{2}(\text{L} + \text{E} + \text{D}).\cos.\tfrac{1}{2}(\text{L} + \text{E} - \text{D}).$

Donc $\cos.\tfrac{1}{2}\text{B}^2 = \dfrac{\cos.\tfrac{1}{2}(\text{L} + \text{E} + \text{D}).\cos.\tfrac{1}{2}(\text{L} + \text{E} - \text{D})}{\cos.\text{L} . \cos.\text{E}} ;$

ce qui donne la formule dont nous nous sommes servis pour calculer l'angle azimutal.

Formule de la page 49 pour trouver la latitude en connoissant l'angle horaire, la hauteur de l'astre, et sa distance au pôle élevé sur l'horizon.

Employant les dénominations ci-dessus, on a

$$\cos.\text{A} = \frac{\sin.\text{E} - \sin.\text{L} \cos.\text{D}}{\cos.\text{L} \sin.\text{D}} ,$$

ou $\cos.\text{A} \cos.\text{L} \sin.\text{D} + \sin.\text{L} \cos.\text{D} = \sin.\text{E}.$

Soit $\cos.\text{A} \, \text{tang.D} = \text{tang.M}$: mettant cette valeur dans l'équation, on aura

$$\sin. M \cos. L + \sin. L \cos. M = \frac{\sin. E \, \sin. M}{\cos. A \, \sin. D}.$$

Or $\sin. M \cos. L + \sin. L \cos. M = \sin.(M + L).$

Donc $\frac{\sin. E \, \sin. M}{\cos. A \, \sin. D} = \sin.(M + L)$; ce qui donnera la latitude, toutes les autres quantités étant déja connues.

Mais je remarque que $\sin.(M + L)$ est la même chose que $\sin. 180° - (M + L)$: ainsi, en supposant $\frac{\sin. E \, \sin. M}{\cos. A \, \sin. D} = $ sinus d'un angle Q trouvé dans les tables, on aura également

$$Q = M + L, \quad \text{ou } L = Q - M,$$
$$\text{et } Q = 180° - (M + L), \quad \text{ou } L = 180° - (M + Q).$$

Pour savoir laquelle de ces deux équations il faut employer, je suppose (*fig.* 1) que, du point P et par le point S, on décrive l'arc ST perpendiculaire sur PZ ; il est clair que si l'angle SZP est plus grand que 90°, ou, ce qui est la même chose, si l'astre S a été observé entre les points Est ou Ouest, et le pôle opposé au pôle P, le point T tombera en dehors de Z : on verra aussi que l'arc PT est celui que nous avons appellé M. Donc $M + L = PT + (90° - PZ) = 90° + ZT$. Donc $M + L$ sera $> 90°$; d'où l'on voit qu'il faudra, dans ce cas, employer l'équation $Q = 180° - (M + L)$, dans laquelle $M + L$ est en effet plus grand que 90°, puisqu'il est égal à $90° + (90° - Q)$.

Dans le cas où l'astre S sera observé entre les points Est ou Ouest, et le pôle P, alors ce sera l'équation $Q = M + L$ qui aura lieu, ainsi que nous l'avons dit page 48.

Formule de la page 69 *pour trouver la hauteur d'un astre en connois-sant l'angle horaire, la latitude et la distance polaire.*

On a d'abord l'équation

$$\cos. A = \frac{\sin. E - \sin. L \cos. D}{\cos. L . \sin. D},$$

ou $\cos. A \sin. D \cos. L + \sin. L \cos. D = \sin. E.$

Et mettant pour $\cos. A$ sa valeur $1 - 2 \sin.\frac{1}{2}A^2$,

$\sin. D \cos. L + \sin. L \cos. D - 2 \sin.\frac{1}{2}A^2 \sin. D \cos. L = \sin. E.$

Mais $\sin. D \cos. L + \sin. L \cos. D = \sin.(L + D) = \cos. 90° - (L + D)$
$$= 1 - 2 \sin.\frac{1}{2}[90° - (L + D)]^2,$$
$\sin. E = \cos.(90° - E) = 1 - 2 \sin.\frac{1}{2}(90° - E)^2.$

K ij

Mettant ces valeurs dans l'équation, elle deviendra celle-ci :

$$\sin.\tfrac{1}{2}[90°-(L+D)]^2 + \sin.\tfrac{1}{2}A^2 \cos.L \sin.D = \sin.\tfrac{1}{2}(90°-E)^2.$$

Soit maintenant

$$\frac{\sin.\tfrac{1}{2}A.\sqrt{(\cos.L\ \sin.D)}}{\sin.\tfrac{1}{2}[90°-(L+D)]} = \tang.M.$$

Introduisant cette nouvelle valeur dans l'équation, on aura

$$\sin.\tfrac{1}{2}(90°-E)^2 = \frac{\sin.\tfrac{1}{2}[90°-(L+D)]^2}{\cos.M^2}.$$

Et extrayant la racine quarrée,

$$\sin.\tfrac{1}{2}(90°-E) = \frac{\sin.\tfrac{1}{2}[90°-(L+D)]}{\cos.M}.$$

Or, je remarque qu'au lieu de supposer

$$\frac{\sin.\tfrac{1}{2}A\sqrt{(\cos.L\ \sin.D)}}{\sin.\tfrac{1}{2}[90°-(L+D)]} = \tang.M,$$

on auroit pu également supposer

$$\frac{\sin.\tfrac{1}{2}A\sqrt{(\cos.L\ \sin.D)}}{\sin.\tfrac{1}{2}[(L+D)-90°]} = \tang.M.$$

Et en effet, on auroit trouvé la même valeur pour 90° — E. D'après cela, l'on voit que cette solution s'accorde avec la formule employée pag. 69, dans laquelle nous employons la différence entre 90°, et la somme de la latitude et de la distance polaire, sans examiner si cette somme est plus grande ou plus petite que 90°.

Formule employée page 59 pour trouver la distance réduite de deux astres observés.

Z (*fig.* 2) étant le zénith ; L la position apparente de la lune, et L' sa position corrigée de l'effet de la parallaxe et de la réfraction ; S la position apparente de l'astre auquel on la compare, et S' sa position vraie ; soient

La hauteur du point L. . . . . $= a$

Et celle du point L'. . . . . $= \alpha$

La hauteur du point S. . . . . $= b$

Et celle du point S'. . . . . $= \beta$

La distance apparente LS. . . . . . $= D$

Et la distance réduite cherchée L'S'. $= x$

On aura par l'équation générale, en considérant l'angle Z comme appartenant au triangle LZS,

$$\cos. Z = \frac{\cos. D - \sin. a \sin. b}{\cos. a \cos. b}.$$

et, en considérant cet angle comme appartenant au triangle L'ZS',

$$\cos. Z = \frac{\cos. x - \sin. \alpha \sin. \mathcal{C}}{\cos. \alpha \cos. \mathcal{C}}.$$

Donc $\dfrac{\cos. D - \sin. a \sin. b}{\cos. a \cos. b} = \dfrac{\cos. x - \sin. \alpha \sin. \mathcal{C}}{\cos. \alpha \cos. \mathcal{C}}.$

Mais $\sin. a \sin. b = \cos. a \cos. b - \cos.(a + b)$

$\sin. \alpha \sin. \mathcal{C} = \cos. \alpha \cos. \mathcal{C} - \cos. \alpha + \mathcal{C}.$

Mettant ces valeurs dans l'équation, on aura

$$\frac{\cos. D + \cos.(a + b)}{\cos. a \cos. b} = \frac{\cos. x + \cos.(\alpha + \mathcal{C})}{\cos. \alpha \cos. \mathcal{C}}.$$

Or $\cos. D + \cos.(a + b) = 2\cos.\frac{1}{2}(a + b + D).\cos.\frac{1}{2}(a + b - D)$

$\cos. x = 1 - 2\sin.\frac{1}{2}x^2,$

$\cos.(\alpha + \mathcal{C}) = 1 - 2\sin.\frac{1}{2}(\alpha + \mathcal{C})^2 = 2\cos.\frac{1}{2}(\alpha + \mathcal{C})^2 - 1.$

Introduisant ces trois valeurs dans l'équation, et transposant, on aura

$$\sin.\frac{1}{2}x^2 = \cos.\frac{1}{2}(\alpha + \mathcal{C})^2 - \frac{\cos.\frac{1}{2}(a + b + D).\cos.\frac{1}{2}(a + b - D).\cos.\alpha \cos.\mathcal{C}}{\cos. a \cos. b}.$$

Soit maintenant

$$\frac{\sqrt{\dfrac{\cos.\frac{1}{2}(a + b + D).\cos.\frac{1}{2}(a + b - D).\cos.\alpha.\cos.\mathcal{C}}{\cos. a \cos. b}}}{\cos.\frac{1}{2}(\alpha + \mathcal{C})} = \sin. A,$$

l'équation se transformera en celle-ci,

$$\sin.\frac{1}{2}x^2 = \cos.\frac{1}{2}(\alpha + \mathcal{C})^2 . \cos. A^2;$$

et enfin, extrayant la racine quarrée, on aura

$$\sin.\frac{1}{2}x = \cos.\frac{1}{2}(\alpha + \mathcal{C}) . \cos. A.$$

Il est aisé de voir que cette solution s'accorde avec la formule que nous avons employée page 59. En effet, dans cette formule la moitié de la somme des six premiers logarithmes nous a donné la valeur de la quantité qui est ici sous le signe radical ; nous en avons retranché le log. cosinus de la moitié de la somme des hauteurs vraies, c'est-à-dire le log. cosinus $\frac{1}{2}(\alpha + \mathcal{C})$, et il nous est resté le log. sinus d'un angle subsidiaire A : enfin, au log. cosinus A, nous avons ajouté le log. cosinus $\frac{1}{2}(\alpha + \mathcal{C})$, et nous avons eu le log. sinus de la demi-distance cherchée.

Formule pour trouver la distance réduite des deux astres, en ayant égard à l'applatissement de la terre.

Soit (*fig.* 3) AE le rayon de l'équateur ; AQ le demi-astre terrestre ; O le lieu de l'observateur ; OA le rayon terrestre, mené du point O au centre A de la terre ; OZ la verticale menée par le point O, et passant au zénith Z ; OZ′ le prolongement du rayon terrestre OA, qui rencontre le méridien au point Z′ voisin de Z ; L le lieu de la lune corrigé de l'effet de la réfraction seulement ; S le lieu vrai de l'astre auquel on la compare ; R le lieu de la terre pour lequel la parallaxe horizontale de la lune est calculée dans les tables.

Si on suppose le rayon AE de l'équateur . . . . $= 1$
    L'axe terrestre AQ . . . . $= 1 - \alpha$
    La latitude du point O . . . . $= L$
    La latitude du point R. . . . . $= \lambda$
    La par. horiz. $\mathcal{C}$ calculée pour le point R . $= p$

On trouvera d'abord que le rayon $OA = 1 - \alpha \sin. L^2$, et par conséquent aussi le rayon AR, mené au point R, $= 1 - \alpha \sin. \lambda^2$; d'où il suit que la parallaxe horizontale de la lune qui répond au point R étant égale à p, celle qui répondra au point O sera

$$= \frac{p.AO}{AR} = p \cdot \frac{1 - \alpha \sin. L^2}{1 - \alpha \sin. \lambda^2} = p \left(1 + \alpha \sin. \lambda^2 - \alpha \sin. L^2\right).$$

On trouvera aussi l'angle Z′OZ formé par le prolongement du rayon terrestre OA, et par la verticale OZ, menée par le point O, $= \alpha \sin. 2L$.

Cela posé, des points Z et Z′ soient menés les arcs ZL et ZS, Z′L et Z′S ; si sur l'arc LZ′ on porte l'arc $Lp =$ la parallaxe horizontale calculée pour le point O, multipliée par le sinus de LZ′, et qu'on mene l'arc pS, cet arc sera la distance réduite des deux astres, en ayant égard à l'applatissement de la terre : il s'agit donc de trouver l'arc pS.

Pour cela, du point L je porte sur LZ, l'arc $LL' = p$ $(1 + \alpha \sin. \lambda^2 + \alpha \sin. L^2)$, multiplié par sin. LZ, et je mene l'arc $L'S$; ensuite du point S, et par les points L′ et p, je décris les arcs Lm et opn. Il est clair que si on calcule la distance réduite suivant la méthode expliquée pag. 59, en employant dans le calcul la parallaxe horizontale p $(1 + \alpha \sin. \lambda^2 + \alpha \sin. L^2)$, on trouvera pour cette distance réduite l'arc L'S. Il ne s'agira plus que de calculer la diffé-rence $L'o$ entre cette distance trouvée L'S et la distance antérieu-rement corrigée oS ou pS. Soient

$$LZ = a \qquad SZ = b \qquad LS = D$$
$$LZ' = a' \qquad SZ' = b' \qquad L'S = D'$$
$$p\,S = D'',$$

on aura $Lo = D' - D''$, ou $D'' = D' - Lo$; mais on peut prendre pour Lo la quantité mn qui en diffère très peu. On aura donc

$$D'' = D' - mn = D' - Ln + Lm.$$

Maintenant on a $Ln = Lp \cdot \cos. Z'LS$; or, par la supposi-tion, $Lp = p\,(1 + \alpha \sin.\lambda^2 - \alpha \sin. L^2)\sin. a'$; et on a $\cos. Z'LS = \frac{\cos. Z'S - \cos. LZ' \cos. LS}{\sin. LZ' . \sin. LS}$; ou, employant les dénominations ci-dessus, $\cos. Z'LS = \frac{\cos. b' - \cos. a' \cos. D}{\sin. a' \sin D}$. D'où on tirera

$$Ln = p\,(1 + \alpha \sin.\lambda^2 - \alpha \sin.L^2) \cdot \frac{\cos. b' - \cos. a' \cos.D}{\sin. D}.$$

On trouvera de même $Lm = LL' \cos. ZLS$; et comme LL' est, par la supposition, $= p\,(1 + \alpha \sin.\lambda^2 + \alpha \sin.L^2) . \sin. a$, et $\cos. ZLS = \frac{\cos. b - \cos. a \cos. D}{\sin. a \sin. D}$, on aura

$$Lm = p\,(1 + \alpha \sin.\lambda^2 + \alpha \sin.L^2)\frac{\cos. b - \cos. a \cos. D}{\sin. D}.$$

Prenant la différence entre ces deux quantités, et mettant pour a', $a + da$, et pour b', $a + db$, on aura

$$Ln - Lm = -2p\alpha\sin.L^2 . \left(\frac{\cos. b - \cos. a \cos. D}{\sin. D}\right) + p\left(\frac{da . \sin. a \cos. D - db\sin. b}{\sin. D}\right).$$

Substituant cette expression dans l'équation ci-dessus,

$D'' = D' - Ln + Lm$, on aura

$$D'' = D' + 2p\alpha \sin.L^2 \left(\frac{\cos. b - \cos. a \cos.D}{\sin.D}\right) + p\left(\frac{d b \sin. b - da \sin. a \cos.D}{\sin.D}\right).$$

Il reste à trouver les valeurs de da et de db.

Du point Z je mène la ligne Zq, il est clair que qZ' sera $= da$; mais qZ' est aussi $= ZZ' . \cos. ZZ'q$; donc $da = ZZ' . \cos. ZZ'q$. Or, nous avons déja dit que l'angle ZOZ', et par conséquent l'arc ZZ' qui mesure cet angle $= \alpha \sin.2L$; donc $da = \alpha \sin.2L \cos. ZZ'q$. Pour trouver $\cos. ZZ'q$, du pôle P je mène l'arc PZ qui sera le com-plément de la latitude, et l'arc PL, qui sera la distance de la lune au pôle élevé sur l'horizon, que j'appellerai N. On aura cos. ZZ'q, ou

$$\cos. PZL = \frac{\cos. PL - \cos. PZ \cos. ZL}{\sin. PZ . \sin. ZL}.$$

Et puisque PL $= N$, PZ $= 90° - L$, et ZL $= a$,

$$\cos. PZL = \frac{\cos. N - \sin. L \cos. a}{\cos. L \sin. a}.$$

Mettant cette valeur dans l'expression de da, on aura

$$da = \alpha \sin. 2L \left(\frac{\cos. N - \sin. L \cos. a}{\cos. L \sin. a} \right).$$

On trouvera de la même maniere, en appellant M la distance PS du pôle P à l'astre S,

$$db = \alpha \sin. 2L . \left(\frac{\cos. M - \sin. L \cos. b}{\cos. L \sin. b} \right).$$

Mettant enfin ces valeurs de da et db dans l'expression de D'' trouvée ci-dessus, on aura

$$D'' = D + 2p\alpha \sin. L^2 \left(\frac{\cos. b - \cos. a \cos. D}{\sin. D} \right) + p\alpha \sin. 2L \left(\frac{\cos. M - \sin L \cos. b}{\cos. L \sin. D} \right)$$

$$- p\alpha \sin. 2L \cos. D \left(\frac{\cos. N - \sin. L \cos. a}{\cos. L \sin. D} \right); \text{ et, réduisant,}$$

$$D'' = D' + 2p\alpha \sin. L \left(\frac{\cos. N - \cos. D \cos. M}{\sin. D} \right).$$

On voit donc que, pour trouver la distance réduite corrigée de l'applatissement de la terre, il faudra d'abord calculer la distance suivant la méthode de la page 59, en employant pour parallaxe horizontale la quantité $p . (1 + \alpha \sin. \lambda^2 + \alpha \sin. L^2)$, dans laquelle p est la parallaxe donnée par *la Connoissance des Temps*, λ est la latitude pour laquelle cette parallaxe est calculée, et L la latitude du lieu de l'observation; qu'ensuite il faudra ajouter à la distance trouvée la correction $2p\alpha \sin. L \left(\frac{\cos. N - \cos. D \cos. M}{\sin. D} \right)$, ou, ce qui est la même chose, $2p\alpha \sin. L \left(\frac{\cos. N}{\sin. D} + \tan. (D - 90°) \cos. M \right)$.

Pour abréger la première partie de l'opération, j'ai construit la table VII, par laquelle, en connoissant la latitude du lieu de l'observation, on trouve tout de suite la correction $p\alpha (\sin. \lambda^2 + \sin. L^2)$. J'ai supposé, dans cette table, que la parallaxe donnée par *la Connoissance des Temps* étoit calculée pour la latitude de Paris, c'est-à-dire que $\lambda = 48° 50'$; j'ai supposé aussi $\alpha = \frac{1}{200}$; ce qui ne s'éloigne pas beaucoup de la vérité.

Quant à la seconde partie de l'opération, j'ai supposé la parallaxe moyenne de 57', et $\alpha = \frac{1}{200}$; ce qui m'a donné $2p\alpha =$ environ 34''.

EXPLICATION

EXPLICATION
ET USAGE DES TABLES.

Table Ire. *Des réfractions.*

Cette table est calculée d'après cette regle, que la réfraction est proportionnelle à la co-tangente de la hauteur apparente de l'astre plus trois fois la réfraction, et que la réfraction horizontale est de 33′.

La premiere colonne marque la hauteur observée ; la seconde colonne sert pour le soleil et donne la réfraction qui convient à la hauteur de l'astre, moins sa parallaxe ; la quatrieme colonne contient la réfraction seulement et sert pour les étoiles ; la troisieme colonne exprime les différences communes aux deux colonnes.

Supposons qu'on demande la réfraction d'une étoile pour une hauteur apparente de 4° 23′. D'abord, pour la hauteur de 4° 20′, on trouvera dans la quatrieme colonne 11′ 7″ ; ensuite la différence étant de 10″ pour 5′, on verra aisément que, pour 3′, elle sera de 6″ qu'il faudra retrancher, parceque les quantités vont en diminuant ; ainsi la réfraction pour 4° 23′ sera 11′ 1″.

Si on demandoit la réfraction du soleil moins la parallaxe pour cette même hauteur de 4° 23′, on chercheroit dans la seconde colonne, et on trouveroit d'abord 10′ 58″ pour 4° 20′ ; on retrancheroit ensuite 6″ comme ci-devant, et il resteroit 10′ 52″.

Table II. *Des corrections des réfractions relatives au barometre et au thermometre.*

Cette table est calculée d'après cette supposition, que les réfractions diminuent à-peu-près d'un 220e pour un degré d'augmentation dans le thermometre de Réaumur, et qu'elles diminuent pareillement d'un 220e pour une ligne et demie d'abaissement dans le barometre.

On remarquera que les corrections de la table sont soustractives, pour les degrés du thermometre au-dessus de 12, et pour les hauteurs du barometre au-dessous de 28 pouces 3 lignes, et qu'elles sont additives, pour les degrés du thermometre au-dessous de 12, et pour les hauteurs du barometre au-dessus de 28 pouces 3 lignes.

Supposons que le thermometre étant à 19°, et le barometre à 28 pouces 9 lignes, on ait observé la hauteur apparente du soleil de 6°, et qu'on veuille avoir la correction de la réfraction qui convient à cette hauteur : d'abord, dans la ligne de 6°, et dans la colonne de 19° du thermometre, on trouvera 16″ soustractives.

Ensuite dans la même ligne de 6°, et dans la colonne de 28 pouces 9 lignes, on trouvera 9″ également soustractives ; ce qui donnera pour correction totale 25″ qu'il faudra retrancher de la réfraction précédemment trouvée 8′ 18″, et il restera 7′ 53″.

TABLE III. *Dépression de l'horizon.*

On appelle *dépression de l'horizon* la quantité dont l'horizon de la mer paroît au-dessous de l'horizon vrai, suivant que l'œil de l'observateur est plus ou moins élevé au-dessus du niveau de la mer. La dépression dépend non seulement de la sphéricité de la terre, mais encore de la réfraction qu'éprouve la lumiere en traversant la quantité d'air comprise depuis l'horizon apparent jusqu'à l'œil de l'observateur ; on trouve que cette réfraction est de 9″, 3 à-peu-près pour 1000 toises de distance ; et c'est d'après cette supposition que la table a été calculée : elle ne l'a été que jusqu'à 48 pieds de hauteur de l'œil ; mais on pourra aisément l'étendre à des hauteurs plus grandes, en augmentant les dépressions comme les racines quarrées des hauteurs.

TABLE IV. *De l'augmentation du demi-diametre de la lune à différentes hauteurs.*

Les tables des *Éphémérides* donnent le diametre de la lune tel qu'il seroit vu du centre de la terre ; mais cet astre, en s'élevant sur l'horizon, s'approche de l'observateur, et par conséquent son diametre paroît sous un plus grand angle : c'est cette augmentation qui est donnée par la table.

Soit la hauteur de la lune 55°, et son demi-diametre pris dans les tables, 16′ 23″ : on trouvera, dans la ligne de 55° et dans la colonne qui convient à 16′, l'augmentation 14″ qu'il faudra ajouter à 16′ 23″ ; ce qui donnera le demi-diametre corrigé 16′ 37″.

Table V. *Des déviations.*

Lorsqu'on fait coïncider les images de deux astres dans le champ de la lunette, et que l'axe de vision dans lequel on a observé le contact n'est pas parallele au plan de l'instrument, l'angle donné par l'instrument est toujours plus grand que l'angle réel. La table V donne la correction qu'il faut faire alors à l'angle observé.

Supposons qu'ayant mesuré un angle de 95° 43', on ait estimé que le contact a été apperçu à 30' du plan de l'instrument, on cherchera dans la colonne de 30' la correction qui convient à l'angle de 96°, et on trouvera 17'' qu'il faudra retrancher de 95° 43', parceque la déviation donne toujours les angles trop grands, et on aura l'angle corrigé 95° 42' 43''.

Table VI. *Des erreurs du parallélisme du grand miroir.*

Cette table donne les erreurs qui proviennent du défaut de parallélisme des surfaces du grand miroir, en supposant que ces surfaces font entre elles un angle d'une minute, et que le petit miroir fait un angle de 80° avec l'axe de la lunette, ainsi que cela se trouve dans le cercle de réflexion par la construction que j'ai donnée à cet instrument.

Au moyen de cette table, et connoissant par expérience l'erreur d'un miroir dans la mesure d'un angle, on pourra déterminer les erreurs de ce miroir pour tous les autres angles et pour les différentes especes d'observations qu'on peut faire avec l'instrument.

Supposons, par exemple, qu'on ait trouvé, en faisant l'expérience rapportée pag. 22, que l'erreur du grand miroir étoit de 25'' pour l'angle de 110°, on verra aisément que la table VI donnant pour ce même angle de 110°, mesuré par des observations croisées, une erreur de 62'', il faudra diminuer tous les termes de cette table dans le rapport de 62 à 25, et on aura la table particuliere des erreurs du miroir donné.

Table VII. *De la correction de la parallaxe de la lune relative à l'applatissement de la terre.*

L'exemple de calcul que nous avons donné pag. 71 suffit pour faire entendre l'usage de cette table.

Table VIII. *De la parallaxe de hauteur de la lune moins la réfraction.*

Chaque terme de la table donne la parallaxe de hauteur moins la réfraction, pour tous les degrés, de 10' en 10', et pour toutes les parallaxes, depuis 54' jusqu'à 61' : les dernieres colonnes de la table donnent les parties proportionnelles pour les secondes de la parallaxe.

Supposons que la hauteur observée soit de 41° 20', et la parallaxe horizontale de 57', on trouvera dans la ligne de 41° 20' et dans la colonne de 57' de parallaxe horizontale, la quantité 41' 43" qui sera la parallaxe de hauteur moins la réfraction.

Si la hauteur est de 41° 24', la parallaxe étant toujours 57', on prendra à vue la partie proportionnelle qui convient à 4', qu'on trouvera de 2", on la retranchera de la quantité précédemment trouvée 41' 43", et on aura 41' 41".

Si la hauteur étant de 41° 24', la parallaxe horizontale est de 57' 46", on trouvera d'abord pour 57' la quantité 41' 41" comme ci-dessus ; ensuite, pour avoir la partie proportionnelle qui convient à 46", on remarquera que les dernieres colonnes comprises dans les deux lignes horizontales qui renferment le 42e degré, composent 6 lignes, dont la premiere donne les parties proportionnelles depuis 0" jusqu'à 9", la seconde les donne depuis 10" jusqu'à 19", la troisieme depuis 20" jusqu'à 29", et ainsi de suite ; par conséquent la partie proportionnelle pour 46" se trouve comprise dans la cinquieme ligne et dans la colonne de 6", et on trouvera qu'elle est de 34", qu'on ajoutera à 41' 41" trouvées ci-dessus ; ce qui donnera pour la parallaxe moins la réfraction 42' 15".

TABLE IX. *Des logarithmes logistiques.*

Cette table sert à calculer d'une maniere plus expéditive que par les tables ordinaires le quatrieme terme d'une proportion dont les termes sont des minutes et des secondes, et dont un des termes est 180' ou 10800".

Soit cette proportion,

1° 22' 14" : 25' 3" :: 3ʰ ou 180' : à un quatrieme terme.

Il est clair que si on vouloit calculer ce quatrieme terme par le moyen des tables ordinaires des logarithmes, il faudroit d'abord réduire les trois termes en secondes, ajouter ensuite le logarithme du second terme au logarithme du troisieme, et enfin retrancher le logarithme du premier terme ; alors ce qui resteroit seroit le logarithme du nombre de secondes contenues dans le quatrieme terme cherché.

Le calcul est bien plus simple en se servant de la table IX : les logarithmes de cette table ne sont autre chose que les différences entre les logarithmes des tables ordinaires et le logarithme constant 4.0334, qui est le logarithme de 10800, nombre de secondes contenues dans 3 heures. On voit d'après cela que, dans cette table, le logarithme de 3 heures est zéro, et qu'ainsi, pour avoir le logarithme du quatrieme terme ci-dessus, il suffit de prendre la différence des logarithmes logistiques du premier et du second terme comme il suit.

Log. 25′ 3″ 8565
Log. 1° 22′ 14″, ou 81′ 14″. 3402

Différence. 5163

C'est le log. du quatrieme terme cherché. . . . . 54′ 49″

On peut encore se servir de cette table pour calculer le quatrieme terme de toute autre proportion dont les termes seroient des minutes et secondes, aucun de ces termes n'étant égal à 3ʰ; mais alors l'opération seroit la même que si on se servoit des tables ordinaires.

Soit la proportion 9′ 25″ : 17′ 40″ :: 29′ 7″ est à un quatrieme terme, on feroit une somme du logarithme de 17′. 40″ . 10081

Et du logarithme de 29 . 7   7911

Et on auroit. 17992

On retrancheroit ensuite le log. de 9′ 25″ 12814

Et le reste. 5178

Seroit le log. du quatrieme terme cherché . . . . 54′. 38″

TABLE X.   *De la quantité dont le soleil est plus élevé à midi qu'il ne l'est une minute avant ou après midi.*

Cette table X, et la table XI qui suit, servent à trouver la différence entre la hauteur méridienne du soleil et une hauteur du même astre observée quelques minutes avant ou après midi. Pour cela il faut connoître la latitude du lieu et la distance de l'astre au pole élevé sur l'horizon. Soit cette distance = 90°, la latitude = 16°, et l'intervalle entre l'heure de midi et l'heure de l'observation = 3′ 40″.

D'abord dans la table X on trouvera que, pour 90° de distance polaire, et pour 16° de latitude, la différence entre la hauteur méridienne et la hauteur qui seroit observée une minute avant ou après midi, est de 4″, 6 : ensuite on cherchera dans la table XI le nombre qui répond à l'intervalle 3′ 40″, et on trouvera 13, 4, qui est le quarré de 3⅔. On multipliera ce nombre par 4″, 6, et le produit 62″ sera la différence de hauteur qui répond à 3′ 40″ d'intervalle entre l'heure de midi et celle de l'observation.

Cette derniere opération suppose que les quantités dont le soleil descend dans le voisinage du méridien sont proportionnelles aux quarrés des temps écoulés depuis midi ; mais cela n'est pas exact lorsque le soleil passe très près du zénith, et encore moins lorsqu'il passe au zénith même. Dans l'un et l'autre cas, on ne doit pas faire usage des tables X et XI, non plus que de la méthode de déterminer la latitude pour laquelle ces tables sont construites. Les cases qui sont marquées d'une étoile indiquent les circonstances où le soleil passe au zénith ; et lorsque les quantités cherchées tombent dans une de ces cases, ou entre cette case et la case voisine, on ne doit plus se servir de la méthode.

TABLE XII. *De la hauteur la plus convenable à laquelle il faut observer le soleil pour la détermination de l'heure.*

Soit la distance polaire du soleil calculée pour le temps de l'observation = 78°, et la latitude du lieu = 18°, on cherchera dans la colonne de 78° la case qui répond à 18° de latitude, et on y trouvera 42° 17′ ; ce qui indique qu'il faudra faire les observations lorsque la hauteur du soleil séra d'environ 42°.

Nous avons dit, page 43, que la hauteur la plus convenable pour la détermination de l'heure est lorsque le soleil passe par le premier vertical, ou qu'il est à sa plus grande proximité du premier vertical. On peut distinguer ces deux cas dans la table. Les termes de chaque colonne, compris depuis 0° jusqu'à 90°, donnent les cas où le soleil, ne passant pas par le premier vertical, s'en approche le plus près possible, et ceux qui sont au-dessous de 90° donnent les cas où le soleil passe par le premier vertical.

TABLE XIII. *Des arcs d'amplitude du soleil.*

Pour trouver l'arc d'amplitude du soleil, il faut d'abord calculer la déclinaison pour le temps de l'observation ; ensuite, connoissant la latitude du vaisseau, la table donnera l'arc d'amplitude cherché, qui sera toujours de même dénomination que la déclinaison.

Soit la déclinaison calculée 17° 30′ australe, et la latitude du vaisseau 20°. On trouvera dans la case correspondante à ces deux quantités 18° 40′, et ce sera l'amplitude cherchée. Si la déclinaison étoit 17° 50′, et la latitude 21°, on trouveroit d'abord pour 17° 30′, et pour 20°, 18° 40′ comme ci-dessus : ensuite, pour la différence entre 17° 30′ et 17° 50′, on auroit, en prenant les parties proportionnelles, 22′; et pour la différence entre 20° et 21°, on auroit 7′; ce qui, en ajoutant les deux quantités à 18° 40′, donneroit pour l'amplitude cherchée 19° 9′, et cette amplitude seroit australe ainsi que la déclinaison.

On remarquera que cette table n'a été calculée que jusqu'à 60° de latitude. Si on avoit besoin de connoître l'arc d'amplitude pour une latitude plus élevée, on feroit le calcul suivant.

Du log. cosinus de la distance polaire

On retrancheroit le log. cosinus de la latitude,

Et le reste seroit le log. sinus de l'arc d'amplitude.

Dans le cas où ce reste donneroit un nombre plus grand que l'unité, ce seroit une preuve que le soleil ne descendroit pas ce jour-là jusqu'à l'horizon.

FIN.

Extrait des Registres de l'Académie royale des Sciences,
du 21 Novembre 1787.

MESSIEURS Pingré et Cousin ayant rendu compte d'un ouvrage de M. le chevalier DE BORDA, intitulé, *Description et usage du cercle de réflexion*, l'académie a jugé cet ouvrage digne de son approbation et de paroître sous son privilege.

Je certifie cet extrait conforme aux registres de l'académie. A Paris, ce 21 Novembre 1787.

Signé, LE MARQUIS DE CONDORCET, *secrétaire perpétuel.*

TABLE I. Réfractions des corps célestes.

Haut. appa. (°)	(′)	Réf. par. ⊙ (′)	(″)	Diff. com.	Réfr. des étoiles (′)	(″)
0	0	32	52	49	33	0
0	5	32	2	48	32	11
0	10	31	14	47	31	23
0	15	30	27	46	30	36
0	20	29	42	44	29	50
0	25	28	57	43	29	6
0	30	28	14	42	28	23
0	35	27	33	41	27	41
0	40	26	51	40	27	0
0	45	26	12	38	26	20
0	50	25	34	37	25	42
0	55	24	56	36	25	5
1	0	24	20	35	24	29
1	5	23	46	34	23	54
1	10	23	11	33	23	20
1	15	22	59	32	22	47
1	20	22	7	31	22	15
1	25	21	36	30	21	44
1	30	21	6	29	21	15
1	35	20	37	28	20	46
1	40	20	9	27	20	18
1	45	19	42	26	19	51
1	50	19	16	25	19	25
1	55	18	51	25	18	59
2	0	18	26	24	18	35
2	5	18	3	23	18	11
2	10	17	40	22	17	48
2	15	17	17	22	17	26
2	20	16	56	21	17	4
2	25	16	35	20	16	44
2	30	16	15	20	16	25
2	35	15	55	19	16	4
2	40	15	36	18	15	45
2	45	15	18	18	15	27
2	50	15	0	17	15	9
2	55	14	43	17	14	52
3	0	14	27	16	14	35
3	5	14	11	16	14	19
3	10	13	55	15	14	3
3	15	13	40	15	13	48
3	20	13	25	14	13	33
3	25	13	11	14	13	19
3	30	12	57	13	13	5
3	35	12	43	13	12	52
3	40	12	30	13	12	39
3	45	12	18	12	12	26
3	50	12	5	12	12	14
3	55	11	55	12	12	2
4	0	11	42	11	11	50
4	5	11	31	11	11	39
4	10	11	19	11	11	28
4	15	11	9	11	11	17
4	20	10	58	10	11	7
4	25	10	48	10	10	57
4	30	10	38	10	10	47
4	35	10	29	9	10	37
4	40	10	19	9	10	28
4	45	10	10	9	10	19
4	50	10	2	9	10	10
4	55	9	53	9	10	1
5	0	9	45		9	53

Haut. appa. (°)	(′)	Réf. par. ⊙ (′)	(″)	Diff. com.	Réfr. des étoiles (′)	(″)
5	0	9	45	16	9	53
5	10	9	28	15	9	37
5	20	9	13	15	9	21
5	30	8	58	14	9	7
5	40	8	44	13	8	53
5	50	8	31	13	8	39
6	0	8	18	12	8	27
6	10	8	6	12	8	15
6	20	7	54	11	8	3
6	30	7	45	11	7	52
6	40	7	33	10	7	41
6	50	7	23	10	7	31
7	0	7	13	10	7	21
7	10	7	3	10	7	12
7	20	6	54	9	7	3
7	30	6	45	9	6	54
7	40	6	37	8	6	46
7	50	6	29	8	6	38
8	0	6	21	8	6	30
8	10	6	14	8	6	22
8	20	6	7	7	6	15
8	30	6	0	7	6	8
8	40	5	53	7	6	1
8	50	5	47	7	5	55
9	0	5	40	6	5	49
9	10	5	34	6	5	43
9	20	5	28	6	5	37
9	30	5	23	6	5	31
9	40	5	17	5	5	26
9	50	5	12	5	5	20
10	0	5	7	10	5	15
10	20	4	57	9	5	5
10	40	4	47	9	4	56
11	0	4	39	8	4	47
11	20	4	30	8	4	39
11	40	4	23	8	4	31
12	0	4	15	7	4	23
12	20	4	8	7	4	16
12	40	4	1	7	4	10
13	0	3	55	6	4	3
13	20	3	49	6	3	57
13	40	3	43	6	3	51
14	0	3	37	5	3	46
14	20	3	32	5	3	40
14	40	3	27	5	3	35
15	0	3	22	5	3	30
15	20	3	18	5	3	26
15	40	3	13	5	3	21
16	0	3	9	4	3	17
16	20	3	5	4	3	13
16	40	3	1	4	3	9
17	0	2	57	4	3	5
17	20	2	53	4	3	1
17	40	2	49	4	2	58
18	0	2	46	3	2	54
18	20	2	43	3	2	51
18	40	2	39	3	2	48
19	0	2	36	3	2	44
19	20	2	33	3	2	41
19	40	2	30	3	2	38
20	0	2	28		2	36

Haut. appa. (°)	Réf. par. ⊙ (′)	(″)	Diff. com.	Réfr. des étoiles (′)	(″)
20	2	28	9	2	36
21	2	20	7	2	28
22	2	13	7	2	20
23	2	6	6	2	14
24	2	0	6	2	8
25	1	54	5	2	2
26	1	49	5	1	56
27	1	44	5	1	52
28	1	39	4	1	47
29	1	35	4	1	43
30	1	31	4	1	39
31	1	27	4	1	35
32	1	24	3	1	31
33	1	20	3	1	28
34	1	17	3	1	24
35	1	14	3	1	21
36	1	11	3	1	18
37	1	9	3	1	16
38	1	6	2	1	13
39	1	4	2	1	10
40	1	1	2	1	8
41		59	2	1	6
42		57	2	1	3
43		55	2	1	1
44		53	2		59
45		51	2		57
46		49	2		55
47		47	2		53
48		46	2		51
49		44	2		50
50		42	2		48
51		41	2		46
52		39	1		45
53		38	1		43
54		36	1		41
55		35	1		40
56		34	1		38
57		32	1		37
58		31	1		36
59		30	1		34
60		29	1		33
61		28	1		32
62		26	1		30
63		25	1		29
64		24	1		28
65		23	1		27
66		22	1		25
67		21	1		24
68		20	1		23
69		19	1		22
70		18	2		21
72		16	2		19
74		14	2		17
76		12	2		14
78		10	2		12
80		9	2		10
82		7	2		8
84		5	2		6
86		3	2		4
88		2	2		2
90		0			0

TABLE II.
Corrections des réfractions relatives au baromètre et au thermomètre.

Haut. obs.	Degrés du thermomètre.												
	24° 0	23° 1	22° 2	21° 3	20° 4	19° 5	18° 6	17° 7	16° 8	15° 9	14° 10	13° 11	12° 12 ôtez / ajoutez
° '	' "	' "	' "	' "	' "	' "	"	"	"	"	"	"	"
0 0	1 48	1 39	1 30	1 21	1 12	1 3	54	45	36	27	18	9	0
0 20	1 38	1 29	1 21	1 13	1 4	56	48	40	32	24	16	8	0
0 40	1 28	1 20	1 13	1 6	58	51	44	37	29	22	15	7	0
1 0	1 19	1 13	1 6	59	53	46	40	33	26	20	13	7	0
1 20	1 13	1 7	1 1	54	49	42	36	30	24	18	12	6	0
1 40	1 6	1 1	55	50	44	39	33	28	22	17	11	6	0
2 0	1 1	56	51	46	41	35	30	25	20	15	10	5	0
2 30	54	49	45	40	36	31	27	22	18	13	9	4	0
3 0	48	44	40	36	32	28	24	20	16	12	8	4	0
3 30	43	39	36	32	28	25	21	18	14	11	7	4	0
4 0	39	36	32	29	26	23	19	16	13	10	6	3	0
5	32	30	27	24	22	19	16	13	11	8	5	3	0
6	28	25	23	21	18	16	14	12	9	7	5	2	0
7	24	22	20	18	16	14	12	10	8	6	4	2	0
8	21	19	18	16	14	12	11	9	7	5	4	2	0
9	19	17	16	14	13	11	10	8	6	5	3	2	0
10	17	16	14	13	11	10	9	7	6	4	3	1	0
15	11	10	10	9	8	7	6	5	4	3	2	1	0
20	9	8	7	6	6	5	4	4	3	2	1	1	0
25	7	6	6	5	4	4	3	3	2	2	1	1	0
30	5	5	5	4	4	3	3	2	2	1	1	0	0
40	4	3	3	3	2	2	2	1	1	1	0	0	0
50	3	2	2	2	2	2	1	1	1	1	0	0	0
60	2	2	2	1	1	1	1	1	1	0	0	0	0
70	1	1	1	1	1	1	1	0	0	0	0	0	0
80	1	1	1	0	0	0	0	0	0	0	0	0	0
90	0	0	0	0	0	0	0	0	0	0	0	0	0
Hauteur du baromètre.	27 0 / 29 3		27 6 / 29 0		27 9 / 28 9		28 0 / 28 6		28 3 ôtez / 28 3 ajoutez				

TABLE III.
Dépression de l'horizon à différentes hauteurs au-dessus du niveau de la mer.

Hauteur de l'œil.	Correct. soustr.	Hauteur de l'œil.	Correct. soustr.
1	1' 1"	19	4' 25"
2	1 26	20	4 32
3	1 45	21	4 39
4	2 2	22	4 45
5	2 16	23	4 52
6	2 29	24	4 58
7	2 41	26	5 10
8	2 52	28	5 22
9	3 2	30	5 33
10	3 12	32	5 44
11	3 22	34	5 55
12	3 31	36	6 5
13	3 39	38	6 15
14	3 48	40	6 25
15	3 56	42	6 34
16	4 3	44	6 43
17	4 11	46	6 52
18	4 18	48	7 1

TABLE IV.
Augmentation du demi-diamètre horizontal de ☽ à divers degrés de hauteur.

Hauteur	Demi-diamètre horizontal.		
	15'	16'	17'
5°	1"	2"	2"
10	3	3	3
15	4	4	5
20	5	6	7
25	6	7	8
30	7	8	9
35	8	10	11
40	9	11	12
45	10	12	13
50	11	13	14
55	12	14	15
60	13	14	16
65	13	15	17
70	14	16	18
75	14	16	18
80	14	16	18
85	14	17	19
90	15	17	19

TABLE V.

Des corrections pour la déviation du plan dans lequel on observe le contact.

Angles observés	10′		15′		20′		25′		30′		35′		40′		45′		50′		55′		60′	
	′	″	′	″	′	″	′	″	′	″	′	″	′	″	′	″	′	″	′	″	′	″
0	0	0	0	0	0	0	0	0	0	0	0	0	0	0	0	0	0	0	0	0	0	0
10		0		0		1		1		2		2		3		3		4		5		6
20		0		1		1		2		3		4		5		6		8		9		11
30		0		1		2		3		4		6		8		10		12		14		17
40		1		1		3		4		6		8		10		13		16		19		23
50		1		2		3		5		7		10		13		16		20		24		29
60		1		2		4		6		9		12		16		20		25		30		36
65		1		3		4		7		10		14		18		23		28		34		40
70		1		3		5		8		11		15		20		25		31		37		44
75		1		3		5		8		12		16		21		27		33		40		48
80		1		3		6		9		13		18		24		30		37		45		53
85		2		4		6		10		15		20		26		33		40		49		58
90		2		4		7		11		16		21		28		35		44		53	1	3
95		2		4		8		12		17		23		31		39		48		58	1	9
100		2		5		9		13		19		26		34		42		52	1	3	1	15
105		2		5		9		14		21		28		36		46		57	1	9	1	22
110		3		6		10		16		23		31		40		51	1	3	1	16	1	30
115		3		6		11		17		25		34		44		56	1	9	1	23	1	39
120		3		7		12		19		27		37		48	1	1	1	16	1	32	1	49
125		3		8		13		21		30		41		53	1	8	1	24	1	41	2	0
130		4		8		15		23		34		46	1	0	1	16	1	34	1	53	2	15
140		5		11		19		30		43		59	1	17	1	37	2	0	2	25	2	53
150		6		15		26		41		59	1	20	1	44	2	12	2	42	3	17	3	54
160		10		22		40	1	2	1	29	2	1	2	58	3	20	4	7	4	59	5	56
170		20		44	1	19	2	3	2	58	4	2	5	16	6	40	8	14	9	57	11	51
180	20′	0	30′	0	40′	0	50′	0	60′	0	70′	0	80′	0	90′	0	100′	0	110′	0	120′	0

TABLE VI.

Des erreurs des surfaces du grand miroir, lorsque ces surfaces font entre elles un angle de 1′.

Angles observés.	observations à droite.		observations à gauche.		observations croisées.	
	′	″	′	″	′	″
0		0		0		0
10		2		1		2
20		6		2		4
30		10		1		6
40		16		0		8
45		19		1		9
50		23		2		11
55		28		4		12
60		33		6		14
65		38		8		15
70		47		10		18
75		55		13		21
80	1′	4		16		24
85	1	15		19		28
90	1	28		23		32
95	1	43		28		37
100	2	1		33		43
105	2	23		38		53
110	2	50		47	1′	2
115	3	23		55	1	12
120	4	5	1′	4	1	31
125	5	0	1	15	1	53
130	5	58	1	28	2	15

TABLE VII.

Corrections de la parallaxe de ☾ relatives à l'applatissement de la terre.

Latitude	Parall. horizont.	
	54′	59′
0°	9″	10″
3	9	10
6	10	10
9	10	10
12	11	11
15	11	11
18	11	12
21	11	12
24	12	13
27	13	14
30	14	14
33	14	15
36	15	16
39	16	17
42	17	18
45	18	19
48	18	20
51	19	21
54	20	22
57	21	22
60	22	23
66	23	25
72	24	26

TABLE VIII. Parallaxe et hauteur de la lune moins la réfraction.

Les colonnes 54′ à 61′ donnent la valeur en minutes (′) et secondes (″); les colonnes 0″ à 9″ donnent des secondes.

Haut. app. °	′	54′	55′	56′	57′	58′	59′	60′	61′	0″	1″	2″	3″	4″	5″	6″	7″	8″	9″
0	0	21 0	22 0	23 0	24 0	25 0	26 0	27 0	28 0	0	1	2	3	4	5	6	7	8	9
	10	22 38	23 38	24 38	25 38	26 38	27 38	28 38	29 38	10	11	12	13	14	15	16	17	18	19
	20	24 10	25 10	26 10	27 10	28 10	29 10	30 10	31 10	20	21	22	23	24	25	26	27	28	29
	30	25 37	26 37	27 37	28 37	29 37	30 37	31 37	32 37	30	31	32	33	34	35	36	37	38	39
	40	27 0	28 0	29 0	30 0	31 0	32 0	33 0	34 0	40	41	42	43	44	45	46	47	48	49
	50	28 18	29 18	30 18	31 18	32 18	33 18	34 18	35 18	50	51	52	53	54	55	56	57	58	59
1	0	29 31	30 31	31 31	32 31	33 31	34 31	35 31	36 31	0	1	2	3	4	5	6	7	8	9
	10	30 40	31 40	32 40	33 40	34 40	35 40	36 40	37 40	10	11	12	13	14	15	16	17	18	19
	20	31 44	32 44	33 44	34 44	35 44	36 44	37 44	38 44	20	21	22	23	24	25	26	27	28	29
	30	32 44	33 44	34 44	35 44	36 44	37 44	38 44	39 44	30	31	32	33	34	35	36	37	38	39
	40	33 41	34 41	35 41	36 41	37 41	38 41	39 41	40 41	40	41	42	43	44	45	46	47	48	49
	50	34 34	35 34	36 34	37 34	38 34	39 34	40 34	41 34	50	51	52	53	54	55	56	57	58	59
2	0	35 23	36 23	37 23	38 23	39 23	40 23	41 23	42 23	0	1	2	3	4	5	6	7	8	9
	10	36 10	37 10	38 10	39 10	40 9	41 9	42 9	43 9	10	11	12	13	14	15	16	17	18	19
	20	36 53	37 53	38 53	39 53	40 53	41 53	42 53	43 53	20	21	22	23	24	25	26	27	28	29
	30	37 34	38 34	39 33	40 33	41 33	42 33	43 33	44 33	30	31	32	33	34	35	36	37	38	39
	40	38 12	39 12	40 12	41 11	42 11	43 11	44 11	45 11	40	41	42	43	44	45	46	47	48	49
	50	38 47	39 47	40 47	41 47	42 47	43 47	44 47	45 47	50	51	52	53	54	55	56	57	58	59
3	0	39 21	40 20	41 20	42 20	43 20	44 20	45 20	46 20	0	1	2	3	4	5	6	7	8	9
	10	39 52	40 52	41 52	42 52	43 51	44 51	45 51	46 51	10	11	12	13	14	15	16	17	18	19
	20	40 21	41 21	42 21	43 21	44 21	45 21	46 21	47 20	20	21	22	23	24	25	26	27	28	29
	30	40 49	41 49	42 48	43 48	44 48	45 48	46 48	47 48	30	31	32	33	34	35	36	37	38	39
	40	41 15	42 14	43 14	44 14	45 14	46 14	47 14	48 14	40	41	42	43	44	45	46	47	48	49
	50	41 39	42 39	43 39	44 39	45 39	46 38	47 38	48 38	50	51	52	53	54	55	56	57	58	59
4	0	42 2	43 2	44 2	45 2	46 1	47 1	48 1	49 1	0	1	2	3	4	5	6	7	8	9
	10	42 24	43 23	44 23	45 23	46 23	47 23	48 23	49 22	10	11	12	13	14	15	16	17	18	19
	20	42 44	43 44	44 44	45 43	46 43	47 43	48 43	49 43	20	21	22	23	24	25	26	27	28	29
	30	43 3	44 3	45 3	46 3	47 3	48 2	49 2	50 2	30	31	32	33	34	35	36	37	38	39
	40	43 21	44 21	45 21	46 21	47 21	48 20	49 20	50 20	40	41	42	43	44	45	46	47	48	49
	50	43 39	44 38	45 38	46 38	47 38	48 37	49 37	50 37	50	51	52	53	54	55	56	57	58	59
5	0	43 55	44 55	45 54	46 54	47 54	48 54	49 53	50 53	0	1	2	3	4	5	6	7	8	9
	10	44 10	45 10	46 10	47 9	48 9	49 9	50 9	51 8	10	11	12	13	14	15	16	17	18	19
	20	44 25	45 24	46 24	47 24	48 24	49 23	50 23	51 23	20	21	22	23	24	25	26	27	28	29
	30	44 38	45 38	46 38	47 38	48 37	49 37	50 37	51 36	30	31	32	33	34	35	36	37	38	39
	40	44 51	45 51	46 51	47 51	48 50	49 50	50 50	51 49	40	41	42	43	44	45	46	47	48	49
	50	45 4	46 4	47 3	48 3	49 3	50 2	51 2	52 2	50	51	52	53	54	55	56	57	58	59
6	0	45 16	46 15	47 15	48 15	49 14	50 14	51 14	52 13	0	1	2	3	4	5	6	7	8	9
	10	45 27	46 26	47 26	48 26	49 25	50 25	51 25	52 24	10	11	12	13	14	15	16	17	18	19
	20	45 37	46 37	47 37	48 36	49 36	50 36	51 35	52 35	20	21	22	23	24	25	26	27	28	29
	30	45 47	46 47	47 47	48 46	49 46	50 46	51 45	52 45	30	31	32	33	34	35	36	37	38	39
	40	45 57	46 57	47 56	48 56	49 55	50 55	51 55	52 54	40	41	42	43	44	45	46	47	48	49
	50	46 6	47 6	48 5	49 5	50 4	51 4	52 4	53 3	50	51	52	53	54	55	56	57	58	59
7	0	46 15	47 14	48 14	49 13	50 13	51 13	52 12	53 12	0	1	2	3	4	5	6	7	8	9
	10	46 23	47 23	48 22	49 22	50 21	51 21	52 20	53 20	10	11	12	13	14	15	16	17	18	19
	20	46 31	47 31	48 30	49 30	50 29	51 29	52 28	53 28	20	21	22	23	24	25	26	27	28	29
	30	46 38	47 38	48 37	49 37	50 36	51 36	52 35	53 35	30	31	32	33	34	35	36	37	38	39
	40	46 45	47 45	48 44	49 44	50 43	51 43	52 42	53 42	40	41	42	43	44	45	46	47	48	49
	50	46 52	47 52	48 51	49 51	50 50	51 49	52 49	53 48	50	51	52	53	54	55	56	57	58	59
8	0	46 59	47 58	48 58	49 57	50 56	51 56	52 55	53 55	0	1	2	3	4	5	6	7	8	9
	10	47 5	48 4	49 4	50 3	51 2	52 2	53 1	54 1	10	11	12	13	14	15	16	17	18	19
	20	47 11	48 10	49 9	50 9	51 8	52 8	53 7	54 6	20	21	22	23	24	25	26	27	28	29
	30	47 16	48 16	49 15	50 14	51 14	52 13	53 12	54 12	30	31	32	33	34	35	36	37	38	39
	40	47 22	48 21	49 20	50 20	51 19	52 18	53 17	54 17	40	41	42	43	44	45	45	46	47	48
	50	47 27	48 26	49 25	50 25	51 24	52 23	53 22	54 22	49	50	51	52	53	54	55	56	57	58
9	0	47 31	48 31	49 30	50 29	51 29	52 28	53 27	54 26	0	1	2	3	4	5	6	7	8	9
	10	47 36	48 35	49 35	50 34	51 33	52 32	53 31	54 31	10	11	12	13	14	15	16	17	18	19
	20	47 40	48 40	49 39	50 38	51 37	52 36	53 36	54 35	20	21	22	23	24	25	26	27	28	29
	30	47 45	48 44	49 43	50 42	51 41	52 40	53 40	54 39	30	31	32	33	34	35	36	36	37	38
	40	47 48	48 48	49 47	50 46	51 45	52 44	53 43	54 43	39	40	41	42	43	44	45	46	47	48
	50	47 52	48 51	49 50	50 50	51 49	52 48	53 47	54 46	49	50	51	52	53	54	55	56	57	58

Parallaxe horizontale.

Parallax columns 54′–61′ (each column gives minutes ′ and seconds ″):

Haut. appa. (°)	(′)	54′ ′	54′ ″	55′ ′	55′ ″	56′ ′	56′ ″	57′ ′	57′ ″	58′ ′	58′ ″	59′ ′	59′ ″	60′ ′	60′ ″	61′ ′	61′ ″
10	0	47	56	48	55	49	54	50	53	51	52	52	51	53	50	54	49
	10	47	59	48	58	49	57	50	56	51	55	52	54	53	53	54	53
	20	48	2	49	1	50	0	50	59	51	58	52	57	53	57	54	56
	30	48	5	49	4	50	3	51	2	52	1	53	0	53	59	54	58
	40	48	8	49	7	50	6	51	5	52	4	53	3	54	2	55	1
	50	48	11	49	10	50	9	51	8	52	7	53	6	54	4	55	3
11	0	48	15	49	12	50	11	51	10	52	9	53	8	54	7	55	6
	10	48	16	49	15	50	14	51	12	52	11	53	10	54	9	55	8
	20	48	18	49	17	50	16	51	15	52	13	53	12	54	11	55	10
	30	48	20	49	19	50	18	51	17	52	15	53	14	54	13	55	12
	40	48	22	49	21	50	20	51	19	52	17	53	16	54	15	55	14
	50	48	24	49	23	50	22	51	20	52	19	53	18	54	16	55	15
12	0	48	26	49	25	50	23	51	22	52	21	53	19	54	18	55	17
	10	48	27	49	26	50	25	51	23	52	22	53	21	54	19	55	18
	20	48	29	49	28	50	26	51	25	52	23	53	22	54	21	55	19
	30	48	30	49	29	50	28	51	26	52	25	53	23	54	22	55	20
	40	48	32	49	30	50	29	51	27	52	26	53	24	54	23	55	21
	50	48	33	49	31	50	30	51	28	52	27	53	25	54	24	55	22
13	0	48	34	49	32	50	31	51	29	52	28	53	26	54	25	55	23
	10	48	35	49	33	50	32	51	30	52	28	53	27	54	25	55	24
	20	48	36	49	34	50	32	51	31	52	29	53	28	54	26	55	24
	30	48	36	49	35	50	33	51	31	52	30	53	28	54	26	55	25
	40	48	37	49	35	50	34	51	32	52	30	53	29	54	27	55	25
	50	48	38	49	36	50	34	51	32	52	31	53	29	54	27	55	25
14	0	48	38	49	36	50	35	51	33	52	31	53	29	54	27	55	26
	10	48	38	49	37	50	35	51	33	52	31	53	29	54	28	56	26
	20	48	39	49	37	50	35	51	33	52	31	53	30	54	28	55	26
	30	48	39	49	37	50	35	51	33	52	31	53	30	54	28	55	26
	40	48	39	49	37	50	35	51	33	52	31	53	30	54	28	55	26
	50	48	39	49	37	50	35	51	33	52	31	53	29	54	27	55	25
15	0	48	39	49	37	50	35	51	33	52	31	53	29	54	27	55	25
	10	48	39	49	37	50	35	51	33	52	31	53	29	54	27	55	24
	20	48	39	49	37	50	35	51	33	52	31	53	28	54	26	55	24
	30	48	39	49	37	50	34	51	32	52	30	53	28	54	26	55	24
	40	48	38	49	36	50	34	51	32	52	30	53	27	54	25	55	23
	50	48	38	49	36	50	34	51	31	52	29	53	27	54	24	55	22
16	0	48	38	49	35	50	33	51	31	52	28	53	26	54	24	55	21
	10	48	37	49	35	50	32	51	30	52	28	53	25	54	23	55	21
	20	48	36	49	34	50	32	51	29	52	27	53	24	54	22	55	20
	30	48	36	49	33	50	31	51	29	52	26	53	24	54	21	55	19
	40	48	35	49	33	50	30	51	28	52	25	53	23	54	20	55	18
	50	48	34	49	32	50	29	51	27	52	24	53	22	54	19	55	16
17	0	48	34	49	31	50	28	51	26	52	23	53	21	54	18	55	15
	10	48	33	49	30	50	27	51	25	52	22	53	19	54	17	55	14
	20	48	32	49	29	50	26	51	24	52	21	53	18	54	15	55	13
	30	48	31	49	28	50	25	51	22	52	20	53	17	54	14	55	11
	40	48	30	49	27	50	24	51	21	52	18	53	16	54	14	55	11
	50	48	29	49	26	50	23	51	20	52	16	53	14	54	12	55	8
18	0	48	27	49	24	50	22	51	19	52	16	53	15	54	10	55	7
	10	48	26	49	23	50	20	51	17	52	14	53	11	54	8	55	5
	20	48	25	49	22	50	19	51	16	52	13	53	10	54	7	55	4
	30	48	24	49	20	50	17	51	14	52	11	53	8	54	5	55	2
	40	48	22	49	19	50	16	51	13	52	9	53	6	54	3	55	0
	50	48	21	49	17	50	14	51	11	52	8	53	5	54	1	54	58
19	0	48	19	49	16	50	13	51	9	52	6	53	3	54	0	54	56
	10	48	18	49	14	50	11	51	8	52	4	53	1	53	58	54	54
	20	48	16	49	13	50	9	51	6	52	2	52	59	53	56	54	52
	30	48	14	49	11	50	8	51	4	52	1	52	57	53	54	54	50
	40	48	13	49	9	50	6	51	2	51	59	52	55	53	52	54	48
	50	48	11	49	7	50	4	51	0	51	57	52	53	53	49	54	46

Parallax columns 0″–9″:

Haut. appa. (°)	(′)	0″	1″	2″	3″	4″	5″	6″	7″	8″	9″
10	0	0	1	2	3	4	5	6	7	8	9
	10	10	11	12	13	14	15	16	17	18	19
	20	20	21	22	23	24	25	26	27	28	29
	30	29	30	31	32	33	34	35	36	37	38
	40	39	40	41	42	43	44	45	46	47	48
	50	49	50	51	52	53	54	55	56	57	58
11	0	0	1	2	3	4	5	6	7	8	9
	10	10	11	12	13	14	15	16	17	18	19
	20	20	21	22	23	24	24	25	26	27	28
	30	29	30	31	32	33	34	35	36	37	38
	40	39	40	41	42	43	44	45	46	47	48
	50	49	50	51	52	53	54	55	56	57	58
12	0	0	1	2	3	4	5	6	7	8	9
	10	10	11	12	13	14	15	16	17	18	19
	20	20	21	21	22	23	24	25	26	27	28
	30	29	30	31	32	33	34	35	36	37	38
	40	39	40	41	42	43	44	45	46	47	48
	50	49	50	51	52	53	54	55	56	57	58
13	0	0	1	2	3	4	5	6	7	8	9
	10	10	11	12	13	14	15	16	17	18	18
	20	19	20	21	22	23	24	25	26	27	28
	30	29	30	31	32	33	34	35	36	37	38
	40	39	40	41	42	43	44	45	46	47	48
	50	49	50	51	52	53	53	54	55	56	57
14	0	0	1	2	3	4	5	6	7	8	9
	10	10	11	12	13	14	15	15	16	17	18
	20	19	20	21	22	23	24	25	26	27	28
	30	29	30	31	32	33	34	35	36	37	38
	40	39	40	41	42	43	44	45	46	46	47
	50	48	49	50	51	52	53	54	55	56	57
15	0	0	1	2	3	4	5	6	7	8	9
	10	10	11	12	13	14	14	15	16	17	18
	20	19	20	21	22	23	24	25	26	27	28
	30	29	30	31	32	33	34	35	36	37	38
	40	39	39	40	41	42	43	44	45	46	47
	50	48	49	50	51	51	52	53	54	55	56
16	0	0	1	2	3	4	5	6	7	8	9
	10	10	11	12	12	13	14	15	16	17	18
	20	19	20	21	22	23	24	25	26	27	28
	30	29	30	31	32	33	34	35	35	36	37
	40	38	39	40	41	42	43	44	45	46	47
	50	48	49	50	51	52	53	54	55	56	57
17	0	0	1	2	3	4	5	6	7	8	9
	10	10	10	11	12	13	14	15	16	17	18
	20	19	20	21	22	23	24	25	26	27	28
	30	29	30	31	32	33	34	35	36	37	37
	40	38	39	40	41	42	43	44	45	46	47
	50	48	49	50	51	52	53	54	55	56	56
18	0	0	1	2	3	4	5	6	7	8	9
	10	9	10	11	12	13	14	15	16	17	18
	20	19	20	21	22	23	24	24	25	26	27
	30	28	29	30	31	32	33	34	35	36	37
	40	38	39	40	41	41	42	43	44	45	46
	50	47	48	49	50	51	52	53	54	55	56
19	0	0	1	2	3	4	5	6	7	8	8
	10	9	10	11	12	13	14	15	16	17	18
	20	19	20	21	22	23	24	24	25	26	27
	30	28	29	30	31	32	33	34	35	36	37
	40	38	39	40	41	41	42	43	44	45	46
	50	47	48	49	50	51	52	53	54	55	56

Parallaxe horizontale.

Haut.°	′	54′	55′	56′	57′	58′	59′	60′	61′	0″	1″	2″	3″	4″	5″	6″	7″	8″	9″
20	0	48 9	49 5	50 2	50 58	51 55	52 51	53 47	54 44	0	1	2	3	4	5	6	7	8	8
	10	48 7	49 3	50 0	50 56	51 52	52 49	53 45	54 41	9	10	11	12	13	14	15	16	17	18
	20	48 5	49 2	49 58	50 54	51 50	52 47	53 43	54 39	19	20	21	22	22	23	24	25	26	27
	30	48 3	49 0	49 56	50 52	51 48	52 44	53 41	54 37	28	29	30	31	32	33	34	35	36	37
	40	48 1	48 57	49 54	50 50	51 46	52 42	53 38	54 34	37	38	39	40	41	42	43	44	45	46
	50	47 59	48 55	49 51	50 48	51 44	52 40	53 36	54 32	47	48	49	50	51	51	52	53	54	55
21	0	47 57	48 53	49 49	50 45	51 41	52 37	53 33	54 29	0	1	2	3	4	5	6	7	7	8
	10	47 55	48 51	49 47	50 43	51 39	52 35	53 31	54 27	9	10	11	12	13	14	15	16	17	18
	20	47 53	48 49	49 45	50 41	51 36	52 32	53 28	54 24	19	20	20	21	22	23	24	25	26	27
	30	47 51	48 46	49 42	50 38	51 34	52 30	53 26	54 21	28	29	30	31	32	33	34	35	35	36
	40	47 48	48 44	49 40	50 36	51 31	52 27	53 23	54 19	37	38	39	40	41	42	43	44	45	46
	50	47 46	48 42	49 37	50 33	51 29	52 25	53 20	54 16	47	47	48	49	50	51	52	53	54	55
22	0	47 44	48 39	49 35	50 31	51 26	52 22	53 18	54 13	0	1	2	3	4	5	6	6	7	8
	10	47 41	48 37	49 32	50 28	51 24	52 19	53 15	54 10	9	10	11	12	13	14	15	16	17	18
	20	47 39	48 34	49 30	50 25	51 21	52 16	53 12	54 7	18	19	20	21	22	23	24	25	26	27
	30	47 36	48 32	49 27	50 23	51 18	52 14	53 9	54 4	28	29	30	30	31	32	33	34	35	36
	40	47 34	48 29	49 25	50 20	51 15	52 11	53 6	54 1	37	38	39	40	41	42	43	43	44	45
	50	47 31	48 27	49 22	50 17	51 13	52 8	53 3	53 58	46	47	48	49	50	51	52	53	54	55
23	0	47 29	48 24	49 19	50 14	51 10	52 5	53 0	53 55	0	1	2	3	4	5	6	6	7	8
	10	47 26	48 21	49 17	50 12	51 7	52 2	52 57	53 52	9	10	11	12	13	14	15	16	17	17
	20	47 23	48 19	49 14	50 9	51 4	51 59	52 54	53 49	18	19	20	21	22	23	24	25	26	27
	30	47 21	48 16	49 11	50 6	51 1	51 56	52 51	53 46	28	28	29	30	31	32	33	34	35	36
	40	47 18	48 13	49 8	50 3	50 58	51 53	52 48	53 43	37	38	39	39	40	41	42	43	44	45
	50	47 15	48 10	49 5	50 0	50 55	51 50	52 45	53 39	46	47	48	49	50	50	51	52	53	54
24	0	47 12	48 7	49 2	49 57	50 52	51 46	52 41	53 36	0	1	2	3	4	5	5	6	7	8
	10	47 9	48 4	48 59	49 54	50 48	51 43	52 38	53 33	9	10	11	12	13	14	14	15	16	17
	20	47 7	48 1	48 56	49 51	50 45	51 40	52 35	53 28	18	19	20	21	22	23	23	24	25	26
	30	47 4	47 58	48 53	49 48	50 42	51 37	52 31	53 26	27	28	29	30	31	32	32	33	34	35
	40	47 1	47 55	48 50	49 44	50 39	51 33	52 28	53 22	36	37	38	39	40	41	41	42	43	44
	50	46 57	47 51	48 47	49 41	50 36	51 30	52 24	53 19	46	46	47	48	49	50	50	51	52	53
25	0	46 55	47 49	48 43	49 38	50 32	51 27	52 21	53 15	0	1	2	3	4	5	5	6	7	8
	10	46 52	47 46	48 40	49 35	50 29	51 23	52 17	53 12	9	10	11	12	13	14	14	15	16	17
	20	46 48	47 43	48 37	49 31	50 25	51 20	52 14	53 7	18	19	20	21	22	23	23	24	25	26
	30	46 45	47 40	48 34	49 28	50 22	51 16	52 10	53 4	27	28	29	30	31	32	32	33	34	35
	40	46 42	47 36	48 30	49 24	50 18	51 13	52 7	53 1	36	37	38	39	40	41	41	42	43	44
	50	46 39	47 33	48 27	49 21	50 15	51 9	52 5	52 57	45	46	47	48	49	50	51	51	52	53
26	0	46 36	47 30	48 24	49 17	50 11	51 5	51 59	52 53	0	1	2	3	4	4	5	6	7	8
	10	46 32	47 26	48 20	49 14	50 8	51 2	51 55	52 49	9	10	11	12	13	13	14	15	16	17
	20	46 29	47 23	48 17	49 10	50 4	50 58	51 52	52 45	18	19	20	21	21	22	23	24	25	26
	30	46 26	47 19	48 13	49 7	50 0	50 54	51 48	52 42	27	28	29	30	30	31	32	33	34	35
	40	46 22	47 16	48 9	49 5	49 57	50 50	51 44	52 38	36	37	38	38	39	40	41	42	43	44
	50	46 19	47 12	48 6	48 59	49 53	50 47	51 40	52 34	45	46	47	47	48	49	50	51	52	53
27	0	46 15	47 9	48 2	48 56	49 49	50 43	51 36	52 30	0	1	2	3	4	4	5	6	7	8
	10	46 11	47 5	47 59	48 52	49 45	50 39	51 32	52 26	9	10	11	12	12	13	14	15	16	17
	20	46 8	47 2	47 55	48 48	49 42	50 35	51 28	52 21	18	19	20	20	21	22	23	24	25	26
	30	46 5	46 58	47 51	48 44	49 38	50 31	51 24	52 17	27	27	28	29	30	31	32	33	34	35
	40	46 1	46 54	47 47	48 41	49 34	50 27	51 20	52 13	35	36	37	38	39	40	41	42	43	43
	50	45 58	46 51	47 44	48 37	49 30	50 23	51 16	52 9	44	45	46	47	48	49	50	51	51	52
28	0	45 54	46 47	47 40	48 33	49 26	50 19	51 13	52 5	0	1	2	3	4	4	5	6	7	8
	10	45 50	46 43	47 36	48 29	49 22	50 15	51 8	52 0	9	10	11	11	12	13	14	15	16	17
	20	45 46	46 39	47 32	48 25	49 18	50 11	51 5	51 56	18	18	19	20	21	22	23	24	25	25
	30	45 43	46 35	47 28	48 21	49 14	50 6	50 59	51 52	26	27	28	29	30	31	32	33	33	34
	40	45 39	46 32	47 24	48 17	49 9	50 2	50 55	51 47	35	36	37	38	39	40	40	41	42	43
	50	45 35	46 28	47 20	48 13	49 5	49 58	50 50	51 43	44	45	46	47	47	48	49	50	51	52
29	0	45 31	46 24	47 16	48 9	49 1	49 54	50 46	51 39	0	1	2	3	3	4	5	6	7	8
	10	45 27	46 20	47 12	48 5	48 57	49 49	50 42	51 34	9	10	10	11	12	13	14	15	16	17
	20	45 23	46 16	47 8	48 0	48 53	49 45	50 37	51 30	17	18	19	20	21	22	23	23	24	25
	30	45 20	46 12	47 4	47 56	48 48	49 41	50 33	51 24	26	27	28	29	30	30	31	32	33	34
	40	45 16	46 8	47 0	47 52	48 44	49 36	50 28	51 20	35	36	37	37	38	39	40	41	42	43
	50	45 11	46 4	46 56	47 48	48 40	49 32	50 24	51 16	44	44	45	46	47	48	49	50	50	51

TABLE VIII. Parallaxe et hauteur de ☾ moins la réfraction.

Parallaxe horizontale.

appa. Haut. °	′	54′	55′	56′	57′	58′	59′	60′	61′	0″	1″	2″	3″	4″	5″	6″	7″	8″	9″
30	0	45 7	45 59	46 51	47 43	48 35	49 27	50 19	51 11	0	1	2	3	3	4	5	6	7	8
	10	45 3	45 55	46 47	47 39	48 31	49 23	50 15	51 6	9	9	10	11	12	13	14	15	16	16
	20	44 59	45 51	46 43	47 35	48 26	49 18	50 10	51 2	17	18	19	20	21	22	22	23	24	25
	30	44 55	45 47	46 39	47 30	48 22	49 14	50 5	50 57	26	27	28	28	29	30	31	32	33	34
	40	44 51	45 43	46 34	47 26	48 17	49 9	50 1	50 51	34	35	36	37	38	39	40	41	41	42
	50	44 47	45 38	46 30	47 21	48 13	49 4	49 56	50 47	43	44	45	46	47	47	48	49	50	51
31	0	44 43	45 34	46 25	47 17	48 8	49 0	49 51	50 43	0	1	2	3	3	4	5	6	7	8
	10	44 38	45 30	46 21	47 12	48 4	48 55	49 46	50 38	9	9	10	11	12	13	14	15	15	16
	20	44 34	45 25	46 17	47 8	47 59	48 50	49 42	50 33	17	18	19	20	20	21	22	23	24	25
	30	44 30	45 21	46 12	47 3	47 54	48 46	49 37	50 28	26	26	27	28	29	30	31	32	32	33
	40	44 25	45 16	46 8	46 59	47 50	48 41	49 32	50 23	34	35	36	37	38	38	39	40	41	42
	50	44 21	45 12	46 3	46 54	47 45	48 36	49 27	50 18	43	44	44	45	46	47	48	49	49	50
32	0	44 17	45 8	45 58	46 49	47 40	48 31	49 22	50 13	0	1	2	3	3	4	5	6	7	8
	10	44 12	45 3	45 54	46 45	47 35	48 26	49 17	50 8	8	9	10	11	12	13	13	14	15	16
	20	44 8	44 58	45 49	46 40	47 31	48 21	49 12	50 3	17	18	19	19	20	21	22	23	24	24
	30	44 3	44 54	45 45	46 35	47 26	48 16	49 7	49 58	25	26	27	28	29	30	30	31	32	33
	40	43 59	44 49	45 40	46 30	47 21	48 11	49 2	49 52	34	35	35	36	37	38	39	40	40	41
	50	43 53	44 45	45 35	46 26	47 16	48 6	48 57	49 47	42	43	44	44	45	46	47	47	48	50
33	0	43 50	44 40	45 30	46 21	47 11	48 1	48 52	49 42	0	1	2	3	3	4	5	6	7	8
	10	43 45	44 35	45 26	46 16	47 6	47 56	48 46	49 37	8	9	10	11	12	13	13	14	15	16
	20	43 39	44 31	45 21	46 11	47 1	47 51	48 41	49 31	17	18	18	19	20	21	22	23	23	24
	30	43 36	44 26	45 16	46 6	46 56	47 46	48 36	49 26	25	26	27	28	28	29	30	31	32	33
	40	43 31	44 21	45 11	46 1	46 51	47 41	48 31	49 21	33	34	35	36	37	38	38	39	40	41
	50	43 26	44 16	45 6	45 56	46 46	47 36	48 26	49 15	42	43	43	44	45	46	47	48	48	49
34	0	43 22	44 12	45 1	45 51	46 41	47 30	48 20	49 10	0	1	2	2	3	4	5	6	7	7
	10	43 17	44 7	44 56	45 46	46 36	47 25	48 15	49 4	8	9	10	11	12	12	13	14	15	16
	20	43 12	44 2	44 51	45 41	46 30	47 20	48 9	48 59	16	17	18	19	20	21	21	22	23	24
	30	43 7	43 57	44 46	45 36	46 25	47 15	48 4	48 54	25	26	26	27	28	29	30	30	31	32
	40	43 3	43 52	44 41	45 31	46 20	47 9	47 59	48 48	33	34	35	35	36	37	38	39	40	40
	50	42 58	43 47	44 36	45 25	46 15	47 4	47 53	48 42	41	42	43	44	44	45	46	47	48	49
35	0	42 55	43 42	44 31	45 20	46 9	46 59	47 48	48 37	0	1	2	2	3	4	5	6	7	7
	10	42 48	43 37	44 26	45 15	46 4	46 53	47 42	48 31	8	9	10	11	11	12	13	14	15	15
	20	42 43	43 32	44 21	45 10	45 59	46 48	47 37	48 26	16	17	18	19	20	20	21	22	23	24
	30	42 38	43 27	44 16	45 5	45 53	46 42	47 31	48 20	24	25	26	27	28	28	29	30	31	32
	40	42 33	43 22	44 10	44 59	45 48	46 37	47 25	48 14	33	33	34	35	36	37	37	38	39	40
	50	42 28	43 17	44 5	44 54	45 43	46 31	47 20	48 8	41	42	42	43	44	45	46	46	47	48
36	0	42 25	43 11	44 0	44 49	45 37	46 26	47 14	48 3	0	1	2	2	3	4	5	6	6	7
	10	42 18	43 6	43 55	44 43	45 32	46 20	47 8	47 57	8	9	10	10	11	12	13	14	14	15
	20	42 13	43 1	43 49	44 38	45 26	46 14	47 3	47 51	16	17	18	18	19	20	21	22	23	23
	30	42 8	42 56	43 44	44 32	45 21	46 9	46 57	47 45	24	25	26	27	27	28	29	30	31	31
	40	42 2	42 51	43 39	44 27	45 15	46 3	46 51	47 39	32	33	34	35	35	36	37	38	39	39
	50	41 57	42 46	43 33	44 21	45 9	45 57	46 45	47 33	40	41	42	43	43	44	45	46	47	47
37	0	41 52	42 40	43 28	44 16	45 4	45 52	46 40	47 28	0	1	2	2	3	4	5	6	6	7
	10	41 47	42 35	43 22	44 10	44 58	45 46	46 34	47 22	8	9	10	10	11	12	13	13	14	15
	20	41 42	42 29	43 17	44 5	44 52	45 40	46 28	47 16	16	17	17	18	19	20	21	21	22	23
	30	41 36	42 24	43 12	43 59	44 47	45 34	46 22	47 10	24	25	25	26	27	28	29	29	30	31
	40	41 31	42 18	43 6	43 53	44 41	45 28	46 16	47 3	32	33	33	34	35	36	36	37	38	39
	50	41 26	42 13	43 0	43 48	44 35	45 23	46 10	46 57	40	40	41	42	43	44	44	45	46	47
38	0	41 20	42 8	42 55	43 42	44 29	45 17	46 4	46 51	0	1	2	2	3	4	5	5	6	7
	10	41 15	42 2	42 49	43 36	44 24	45 11	45 58	46 45	8	9	9	10	11	12	13	13	14	15
	20	41 10	41 57	42 44	43 31	44 18	45 5	45 52	46 39	16	16	17	18	19	20	20	21	22	23
	30	41 4	41 51	42 38	43 25	44 12	44 59	45 46	46 33	23	24	25	26	27	27	28	29	30	31
	40	40 59	41 45	42 32	43 19	44 6	44 53	45 40	46 27	31	32	33	34	34	35	36	37	38	38
	50	40 53	41 40	42 27	43 13	44 0	44 47	45 34	46 20	39	40	41	41	42	43	44	45	45	46
39	0	40 48	41 34	42 21	43 8	43 54	44 41	45 27	46 14	0	1	2	2	3	4	5	5	6	7
	10	40 42	41 29	42 15	43 2	43 48	44 35	45 21	46 8	8	9	9	10	11	12	13	13	14	15
	20	40 37	41 23	42 9	42 56	43 42	44 29	45 15	46 1	15	16	17	18	19	19	20	21	22	23
	30	40 31	41 17	42 4	42 50	43 36	44 23	45 9	45 55	23	24	25	25	26	27	28	29	29	30
	40	40 25	41 12	41 58	42 44	43 30	44 16	45 3	45 49	31	32	32	33	34	35	36	36	37	38
	50	40 20	41 6	41 52	42 38	43 24	44 10	44 56	45 42	39	39	40	41	42	42	43	44	45	46

TABLE VIII. Parallaxe et hauteur de ☽ moins la réfraction.

Parallaxe horizontale.

Haut. appa.	54'	55'	56'	57'	58'	59'	60'	61'
40 0	40 14	41 0	41 46	42 32	43 18	44 4	44 50	45 36
10	40 8	40 54	41 40	42 26	43 12	43 58	44 44	45 29
20	40 3	40 48	41 34	42 20	43 6	43 51	44 37	45 23
30	39 57	40 43	41 28	42 14	43 0	43 45	44 31	45 17
40	39 51	40 37	41 22	42 8	42 53	43 39	44 24	45 10
50	39 46	40 31	41 16	42 2	42 47	43 33	44 18	45 3
41 0	39 40	40 25	41 10	41 56	42 41	43 26	44 11	44 57
10	39 34	40 19	41 4	41 50	42 35	43 20	44 5	44 50
20	39 28	40 13	40 58	41 43	42 28	43 13	43 58	44 43
30	39 22	40 7	40 52	41 37	42 22	43 7	43 52	44 37
40	39 16	40 1	40 46	41 31	42 16	43 0	43 45	44 30
50	39 11	39 55	40 40	41 25	42 9	42 54	43 39	44 23
42 0	39 5	39 49	40 34	41 18	42 3	42 48	43 32	44 17
10	38 59	39 43	40 28	41 12	41 56	42 41	43 25	44 10
20	38 53	39 37	40 21	41 6	41 50	42 34	43 19	44 3
30	38 47	39 31	40 15	40 59	41 44	42 28	43 12	43 56
40	38 41	39 25	40 9	40 53	41 37	42 21	43 5	43 49
50	38 35	39 19	40 3	40 47	41 31	42 15	42 59	43 43
43 0	38 29	39 12	39 56	40 40	41 24	42 8	42 52	43 36
10	38 22	39 6	39 50	40 34	41 17	42 1	42 45	43 29
20	38 16	39 0	39 44	40 27	41 11	41 55	42 38	43 22
30	38 10	38 54	39 37	40 21	41 4	41 48	42 31	43 15
40	38 4	38 47	39 31	40 14	40 58	41 41	42 24	43 8
50	37 58	38 41	39 24	40 8	40 51	41 34	42 18	43 1
44 0	37 52	38 35	39 18	40 1	40 44	41 28	42 11	42 54
10	37 44	38 28	39 11	39 54	40 37	41 20	42 4	42 47
20	37 39	38 22	39 5	39 48	40 31	41 14	41 57	42 40
30	37 33	38 16	38 59	39 41	40 24	41 7	41 50	42 33
40	37 27	38 9	38 52	39 35	40 17	41 0	41 43	42 25
50	37 20	38 3	38 46	39 28	40 11	40 53	41 36	42 18
45 0	37 14	37 56	38 39	39 21	40 4	40 46	41 29	42 11
10	37 8	37 50	38 32	39 15	39 57	40 39	41 22	42 4
20	37 1	37 44	38 26	39 8	39 50	40 32	41 14	41 57
30	36 55	37 37	38 19	39 1	39 43	40 25	41 7	41 49
40	36 49	37 31	38 12	38 54	39 36	40 18	41 0	41 42
50	36 42	37 24	38 6	38 48	39 29	40 11	40 53	41 35
46 0	36 36	37 17	37 59	38 41	39 22	40 4	40 46	41 27
10	36 29	37 11	37 52	38 34	39 15	39 57	40 39	41 20
20	36 23	37 4	37 46	38 27	39 8	39 50	40 31	41 13
30	36 16	36 58	37 39	38 20	39 1	39 43	40 24	41 5
40	36 9	36 51	37 32	38 13	38 54	39 36	40 17	40 58
50	36 3	36 44	37 26	38 6	38 47	39 28	40 9	40 50
47 0	35 57	36 38	37 18	37 59	38 40	39 21	40 2	40 43
10	35 50	36 31	37 12	37 52	38 33	39 14	39 55	40 36
20	35 43	36 24	37 5	37 45	38 26	39 7	39 47	40 28
30	35 37	36 17	36 58	37 38	38 19	38 59	39 40	40 20
40	35 30	36 10	36 51	37 31	38 12	38 52	39 33	40 13
50	35 23	36 4	36 44	37 24	38 5	38 45	39 25	40 5
48 0	35 17	35 57	36 37	37 17	37 57	38 37	39 18	39 58
10	35 10	35 50	36 30	37 10	37 50	38 30	39 10	39 50
20	35 3	35 43	36 23	37 3	37 43	38 23	39 3	39 42
30	34 56	35 36	36 16	36 56	37 36	38 15	38 55	39 35
40	34 50	35 29	36 9	36 49	37 28	38 8	38 47	39 27
50	34 43	35 22	36 2	36 41	37 21	38 0	38 40	39 19
49 0	34 36	35 16	35 55	36 34	37 14	37 53	38 32	39 12
10	34 29	35 9	35 48	36 27	37 6	37 45	38 25	39 4
20	34 22	35 2	35 41	36 20	36 59	37 38	38 17	38 56
30	34 16	34 55	35 34	36 12	36 51	37 30	38 9	38 48
40	34 9	34 48	35 26	36 5	36 44	37 23	38 2	38 41
50	34 2	34 40	35 19	35 58	36 37	37 15	37 54	38 33

Haut. appa.	0"	1"	2"	3"	4"	5"	6"	7"	8"	9"
40 0	0	1	1	2	3	4	5	5	6	7
10	8	8	9	10	11	11	12	13	14	14
20	15	16	17	17	18	19	20	21	21	22
30	23	24	24	25	26	27	27	28	29	30
40	30	31	32	33	33	34	35	36	36	37
50	38	39	40	40	41	42	43	43	44	45
41 0	0	1	1	2	3	4	4	5	6	7
10	7	8	9	10	10	11	12	13	13	14
20	15	16	16	17	18	19	19	20	21	22
30	22	23	24	25	25	26	27	28	28	29
40	30	31	31	32	33	34	34	35	36	37
50	37	38	39	40	40	41	42	43	43	44
42 0	0	1	1	2	3	4	4	5	6	7
10	7	8	9	10	10	11	12	13	13	14
20	15	15	16	17	18	18	19	20	21	21
30	22	23	24	24	25	26	27	27	28	29
40	29	30	31	32	32	33	34	35	35	36
50	37	38	38	39	40	41	41	42	43	43
43 0	0	1	1	2	3	4	4	5	6	7
10	7	8	9	9	10	11	12	12	13	14
20	15	15	16	17	17	18	19	20	20	21
30	22	22	23	24	25	25	26	27	28	28
40	29	30	30	31	32	33	33	34	35	36
50	36	37	38	38	39	40	41	41	42	43
44 0	0	1	1	2	3	4	4	5	6	6
10	7	8	9	9	10	11	11	12	13	14
20	14	15	16	16	17	18	19	19	20	21
30	21	22	23	24	24	25	26	26	27	28
40	29	29	30	31	31	32	33	34	34	35
50	36	36	37	38	39	39	40	41	41	42
45 0	0	1	1	2	3	4	4	5	6	6
10	7	8	8	9	10	11	11	12	13	13
20	14	15	15	16	17	18	18	19	20	20
30	21	22	22	23	24	25	25	26	27	27
40	28	29	29	30	31	32	32	33	34	34
50	35	36	36	37	38	39	39	40	41	41
46 0	0	1	1	2	3	4	4	5	6	6
10	7	8	8	9	10	10	11	12	12	13
20	14	14	15	16	17	17	18	19	19	20
30	21	21	22	23	23	24	25	25	26	27
40	28	28	29	30	30	31	32	32	33	34
50	34	35	36	36	37	38	39	39	40	41
47 0	0	1	1	2	3	3	4	5	5	6
10	7	7	8	9	9	10	11	11	12	13
20	14	14	15	16	16	17	18	18	19	20
30	20	21	22	22	23	24	24	25	26	26
40	27	28	28	29	30	30	31	32	32	33
50	34	34	35	36	37	37	38	39	39	40
48 0	0	1	1	2	3	3	4	5	5	6
10	7	7	8	9	9	10	11	11	12	13
20	13	14	15	15	16	17	17	18	19	19
30	20	21	21	22	23	23	24	25	25	26
40	27	27	28	29	29	30	30	31	32	32
50	33	34	34	35	36	36	37	38	38	39
49 0	0	1	1	2	3	3	4	5	5	6
10	6	7	8	8	9	10	10	11	12	12
20	13	14	14	15	16	16	17	18	18	19
30	19	20	21	21	22	23	23	24	25	25
40	26	27	27	28	29	29	30	31	31	32
50	32	33	34	34	35	36	36	37	38	38

TABLE VIII. Parallaxe et hauteur de ☾ moins la réfraction.

Haut. appar.		Parallaxe horizontale.																	
		54′	55′	56′	57′	58′	59′	60′	61′	0″	1″	2″	3″	4″	5″	6″	7″	8″	9″
50	0	33 55	34 35	35 12	35 51	36 29	37 8	37 46	38 25	0	1	1	2	3	3	4	4	5	6
	10	33 48	34 26	35 5	35 43	36 22	37 0	37 38	38 17	6	7	8	8	9	10	10	11	11	12
	20	33 41	34 19	34 58	35 36	36 14	36 52	37 31	38 9	13	13	14	15	15	16	17	17	18	18
	30	33 34	34 12	34 50	35 28	36 7	36 45	37 23	38 1	19	20	20	21	22	22	23	24	24	25
	40	33 27	34 5	34 43	35 21	35 59	36 37	37 15	37 53	25	26	27	27	28	29	29	30	31	31
	50	33 20	33 58	34 36	35 14	35 51	36 29	37 7	37 45	32	32	33	34	34	35	36	36	37	38
51	0	33 13	33 51	34 28	35 6	35 44	36 22	36 59	37 37	0	1	1	2	2	3	4	4	5	6
	10	33 6	33 43	34 21	34 59	35 36	36 14	36 52	37 29	6	7	7	8	9	9	10	11	11	12
	20	32 59	33 36	34 14	34 51	35 29	36 6	36 44	37 21	12	13	14	14	15	16	16	17	17	18
	30	32 52	33 29	34 6	34 44	35 21	35 58	36 36	37 13	19	19	20	21	21	22	22	23	24	24
	40	32 45	33 22	33 59	34 36	35 13	35 51	36 28	37 5	25	26	26	27	27	28	29	29	30	30
	50	32 37	33 14	33 52	34 29	35 6	35 43	36 20	36 57	31	32	32	33	34	34	35	35	36	37
52	0	32 30	33 7	33 44	34 21	34 58	35 35	36 12	36 49	0	1	1	2	2	3	4	4	5	5
	10	32 23	33 0	33 37	34 13	34 50	35 27	36 4	36 41	6	7	7	8	9	9	10	10	11	12
	20	32 16	32 53	33 29	34 6	34 43	35 19	35 56	36 33	12	13	13	14	15	15	16	16	17	18
	30	32 9	32 45	33 22	33 58	34 35	35 11	35 48	36 24	18	19	19	20	21	21	22	23	23	24
	40	32 1	32 38	33 14	33 51	34 27	35 3	35 40	36 16	24	25	26	26	27	28	28	29	29	30
	50	31 54	32 30	33 7	33 43	34 19	34 55	35 32	36 8	30	31	32	32	33	34	34	35	35	36
53	0	31 47	32 23	32 59	33 35	34 11	34 48	35 24	36 0	0	1	1	2	2	3	3	4	5	5
	10	31 40	32 16	32 52	33 28	34 4	34 40	35 15	35 51	6	7	7	8	8	9	9	10	11	11
	20	31 32	32 8	32 44	33 20	33 56	34 32	35 8	35 43	12	13	13	14	14	15	15	16	17	17
	30	31 25	32 1	32 36	33 12	33 48	34 24	34 59	35 35	18	18	19	20	20	21	21	22	23	23
	40	31 18	31 53	32 29	33 4	33 40	34 15	34 51	35 27	24	24	25	26	26	27	27	28	29	29
	50	31 10	31 45	32 21	32 57	33 32	34 7	34 43	35 18	30	30	31	32	32	33	33	34	35	35
54	0	31 5	31 38	32 13	32 49	33 24	33 59	34 35	35 10	0	1	1	2	2	3	3	4	5	5
	10	30 56	31 31	32 6	32 41	33 16	33 51	34 26	35 2	6	6	7	7	8	8	9	10	10	11
	20	30 48	31 23	31 58	32 33	33 8	33 43	34 18	34 53	12	12	13	13	14	14	15	15	16	16
	30	30 41	31 16	31 51	32 25	33 0	33 35	34 10	34 45	17	18	18	19	19	20	20	21	22	22
	40	30 33	31 8	31 43	32 18	32 52	33 27	34 2	34 36	23	23	24	24	25	25	26	27	27	28
	50	30 26	31 1	31 35	32 10	32 44	33 19	33 55	34 28	28	29	29	30	31	31	32	32	33	35
55	0	30 19	30 55	31 27	32 2	32 36	33 11	33 45	34 19	0	1	1	2	2	3	3	4	5	5
	10	30 11	30 45	31 20	31 54	32 28	33 2	33 37	34 11	6	6	7	7	8	8	9	10	10	11
	20	30 4	30 38	31 12	31 46	32 20	32 54	33 28	34 2	11	12	12	13	14	14	15	15	16	16
	30	29 56	30 30	31 4	31 38	32 12	32 46	33 20	33 54	17	18	18	19	19	20	20	21	22	22
	40	29 47	30 21	30 55	31 29	32 5	32 37	33 11	33 44	23	23	24	24	25	25	26	27	27	28
	50	29 40	30 14	30 47	31 21	31 55	32 28	33 2	33 36	28	29	29	30	31	31	32	32	33	35
56	0	29 33	30 7	30 40	31 14	31 48	32 21	32 55	33 28	0	1	1	2	2	3	3	4	4	5
	10	29 26	29 59	30 33	31 6	31 39	32 14	32 46	33 20	6	6	7	7	8	8	9	9	10	10
	20	29 18	29 51	30 25	30 58	31 31	32 4	32 38	33 11	11	11	12	12	13	13	14	14	15	15
	30	29 11	29 44	30 17	30 50	31 23	31 56	32 29	33 2	17	17	18	18	19	19	20	20	21	22
	40	29 5	29 36	30 9	30 42	31 15	31 48	32 21	32 54	22	23	23	24	24	25	25	26	26	27
	50	28 55	29 28	30 1	30 34	31 7	31 39	32 12	32 45	28	28	29	29	30	30	31	31	32	33
57	0	28 48	29 20	29 53	30 26	30 58	31 31	32 4	32 37	0	1	1	2	2	3	3	4	4	5
	10	28 40	29 12	29 45	30 18	30 50	31 22	31 55	32 28	5	6	6	7	8	8	9	9	10	10
	20	28 32	29 5	29 37	30 9	30 42	31 14	31 47	32 19	11	11	12	12	13	13	14	15	15	16
	30	28 24	28 57	29 29	30 1	30 33	31 6	31 38	32 10	16	17	17	18	18	19	20	20	21	21
	40	28 17	28 49	29 21	29 53	30 25	30 57	31 29	32 1	21	22	23	23	24	24	25	25	26	26
	50	28 9	28 41	29 13	29 45	30 17	30 49	31 21	31 53	27	27	28	28	29	30	30	31	31	32
58	0	28 1	28 33	29 5	29 37	30 9	30 40	31 12	31 44	0	1	1	2	3	3	4	4	5	5
	10	27 53	28 25	28 57	29 29	30 0	30 32	31 3	31 35	5	6	6	7	7	8	8	9	9	10
	20	27 46	28 17	28 49	29 20	29 52	30 23	30 55	31 26	10	11	11	12	13	13	14	14	15	15
	30	27 38	28 9	28 41	29 12	29 43	30 15	30 46	31 17	16	16	17	17	18	18	19	19	20	20
	40	27 30	28 1	28 33	29 4	29 35	30 6	30 37	31 9	21	21	22	22	23	23	24	25	25	26
	50	27 22	27 53	28 24	28 56	29 27	29 58	30 29	31 0	26	27	27	28	28	29	29	30	30	31
59	0	27 15	27 45	28 16	28 47	29 18	29 49	30 20	30 51	0	1	1	2	3	3	4	4	5	5
	10	27 7	27 37	28 8	28 39	29 10	29 40	30 11	30 42	5	6	6	7	7	8	8	9	9	10
	20	26 59	27 30	28 0	28 31	29 1	29 32	30 2	30 33	10	11	11	12	12	13	13	14	14	15
	30	26 51	27 21	27 52	28 22	28 53	29 23	29 54	30 24	15	16	16	17	17	18	18	19	19	20
	40	26 43	27 13	27 44	28 14	28 44	29 14	29 45	30 15	20	21	21	22	22	23	23	24	24	25
	50	26 35	27 5	27 35	28 6	28 36	29 6	29 36	30 6	25	26	26	27	27	28	28	29	29	30

TABLE VIII. Parallaxe et hauteur de ☾ moins la réfraction.

Parallaxe horizontale.

Haut. appar.		54'	55'	56'	57'	58'	59'	60'	61'	0"	1"	2	3	4	5	6	7	8"	9"
60°	0	26 27	26 57	27 27	27 57	28 27	28 57	29 27	29 57	0	0	1	1	2	2	3	3	4	4
	10	26 19	26 49	27 19	27 49	28 19	28 48	29 18	29 48	5	5	6	6	7	7	8	8	9	9
	20	26 11	26 41	27 11	27 40	28 10	28 40	29 9	29 39	10	10	11	11	12	12	13	13	14	14
	30	26 5	26 33	27 2	27 32	28 1	28 31	29 1	29 30	15	15	16	16	17	17	18	18	19	19
	40	25 55	26 25	26 54	27 23	27 53	28 22	28 52	29 21	20	20	21	21	22	22	23	23	24	24
	50	25 47	26 16	26 46	27 15	27 44	28 15	28 43	29 12	25	25	26	26	27	27	28	28	29	29
61	0	25 39	26 8	26 37	27 6	27 36	28 5	28 34	29 3	0	0	1	1	2	2	3	3	4	4
	10	25 31	26 0	26 29	26 58	27 27	27 56	28 25	28 54	5	5	6	6	7	7	8	8	9	9
	20	25 23	25 52	26 21	26 49	27 18	27 47	28 16	28 45	10	10	10	11	11	12	12	13	13	14
	30	25 15	25 44	26 12	26 41	27 10	27 38	28 7	28 35	14	15	15	16	16	17	17	18	18	19
	40	25 7	25 35	26 4	26 32	27 1	27 29	27 58	28 26	19	20	20	21	21	21	22	22	23	23
	50	24 59	25 27	25 56	26 24	26 52	27 21	27 49	28 17	24	24	25	25	26	26	27	27	28	28
62	0	24 51	25 19	25 47	26 15	26 43	27 12	27 40	28 8	0	0	1	1	2	2	3	3	4	4
	10	24 43	25 11	25 39	26 7	26 35	27 3	27 31	27 59	5	5	6	6	6	7	7	8	8	9
	20	24 35	25 2	25 30	25 58	26 26	26 54	27 22	27 50	9	10	10	11	11	12	12	12	13	13
	30	24 26	24 54	25 22	25 50	26 17	26 45	27 13	27 40	14	14	15	15	16	16	17	17	18	18
	40	24 17	24 46	25 13	25 41	26 8	26 36	27 4	27 31	18	19	19	20	20	21	21	22	22	23
	50	24 10	24 38	25 5	25 32	26 0	26 27	26 54	27 23	23	24	24	24	25	25	26	26	27	27
63	0	24 2	24 29	24 56	25 24	25 51	26 18	26 45	27 13	0	0	1	1	2	2	3	3	4	4
	10	23 54	24 21	24 48	25 15	25 42	26 9	26 36	27 3	4	5	5	6	6	7	7	8	8	8
	20	23 45	24 12	24 39	25 6	25 33	26 0	26 27	26 54	9	9	10	10	11	11	12	12	12	13
	30	23 37	24 4	24 31	24 58	25 24	25 51	26 18	26 45	14	13	14	15	15	16	16	17	17	17
	40	23 29	23 56	24 22	24 49	25 15	25 42	26 9	26 35	18	18	19	19	20	20	21	21	21	22
	50	23 21	23 47	24 14	24 40	25 7	25 33	26 0	26 26	22	23	23	24	24	25	25	25	26	26
64	0	23 11	23 39	24 5	24 31	24 58	25 24	25 50	26 17	0	0	1	1	2	2	3	3	4	4
	10	23 4	23 30	23 57	24 23	24 49	25 15	25 41	26 7	4	5	5	6	6	6	7	7	8	8
	20	22 56	23 22	23 48	24 14	24 40	25 6	25 32	25 58	9	9	9	10	10	11	11	12	12	12
	30	22 48	23 14	23 39	24 5	24 31	24 57	25 23	25 48	13	13	14	14	15	15	15	16	16	17
	40	22 39	23 5	23 31	23 56	24 22	24 48	25 13	25 39	17	18	18	18	19	19	20	20	21	21
	50	22 31	22 57	23 22	23 48	24 13	24 39	25 4	25 30	22	22	22	23	23	24	24	25	25	25
65	0	22 23	22 48	23 13	23 39	24 4	24 30	24 55	25 20	0	0	1	1	2	2	2	3	3	4
	10	22 14	22 40	23 5	23 30	23 55	24 20	24 46	25 11	4	5	5	5	6	6	7	7	7	8
	20	22 6	22 31	22 56	23 21	23 46	24 11	24 36	25 1	8	9	9	10	10	10	11	11	12	12
	30	21 58	22 23	22 47	23 12	23 37	24 2	24 27	24 52	12	13	13	14	14	14	15	15	16	16
	40	21 49	22 14	22 39	23 3	23 28	23 53	24 18	24 42	17	17	17	18	18	19	19	19	20	20
	50	21 41	22 5	22 30	22 55	23 19	23 44	24 8	24 33	21	21	22	22	22	23	23	24	24	24
66	0	21 32	21 57	22 21	22 46	23 10	23 34	23 59	24 23	0	0	1	1	2	2	2	3	3	3
	10	21 24	21 48	22 15	22 37	23 1	23 25	23 50	24 14	4	4	5	5	5	6	6	6	7	7
	20	21 16	21 40	22 4	22 28	22 52	23 16	23 40	24 4	8	8	8	9	9	10	10	10	11	11
	30	21 7	21 31	21 55	22 19	22 45	23 7	23 31	23 55	11	12	12	13	13	13	14	14	14	15
	40	20 59	21 23	21 46	22 10	22 34	22 58	23 21	23 45	15	16	16	16	17	17	18	18	18	19
	50	20 50	21 14	21 37	22 1	22 25	22 48	23 12	23 35	19	19	20	20	21	21	21	22	22	22
67	0	20 42	21 5	21 29	21 52	22 16	22 39	23 2	23 26	0	0	1	1	2	2	2	3	3	3
	10	20 33	20 57	21 20	21 43	22 6	22 30	22 53	23 16	4	4	5	5	5	6	6	6	7	7
	20	20 25	20 48	21 11	21 34	21 57	22 20	22 44	23 7	8	8	8	9	9	10	10	10	11	11
	30	20 16	20 39	21 2	21 25	21 48	22 11	22 34	22 57	11	12	12	13	13	13	14	14	14	15
	40	20 8	20 31	20 53	21 16	21 39	22 2	22 25	22 47	15	16	16	16	17	17	18	18	18	19
	50	19 59	20 22	20 45	21 7	21 30	21 52	22 15	22 38	19	19	20	20	21	21	21	22	22	22
68	0	19 51	20 13	20 36	20 58	21 21	21 43	22 6	22 28	0	0	1	1	2	2	2	3	3	3
	10	19 42	20 4	20 27	20 49	21 11	21 34	21 56	22 18	4	4	4	5	5	5	6	6	7	7
	20	19 34	19 56	20 18	20 40	21 2	21 24	21 46	22 9	7	8	8	8	9	9	10	10	10	11
	30	19 25	19 47	20 9	20 31	20 53	21 15	21 37	21 59	11	11	12	12	12	13	13	14	14	14
	40	19 16	19 38	20 0	20 22	20 44	21 6	21 27	21 49	15	15	15	16	16	16	17	17	18	18
	50	19 8	19 29	19 51	20 13	20 34	20 56	21 18	21 40	18	19	19	19	20	20	20	21	21	22
69	0	18 59	19 21	19 42	20 4	20 25	20 47	21 8	21 30	0	0	1	1	1	2	2	2	3	3
	10	18 51	19 12	19 33	19 55	20 16	20 37	20 59	21 20	4	4	4	5	5	5	6	6	6	7
	20	18 42	19 5	19 24	19 46	20 7	20 28	20 49	21 10	7	7	8	8	8	9	9	9	10	10
	30	18 35	18 54	19 15	19 36	19 57	20 18	20 39	21 0	11	11	11	12	12	12	13	13	13	14
	40	18 26	18 46	19 6	19 27	19 48	20 9	20 30	20 51	14	14	15	15	15	16	16	16	17	17
	50	18 16	18 37	18 57	19 18	19 39	20 0	20 20	20 41	18	18	18	19	19	19	20	20	20	21

Haut. appa.		54′	55′	56′	57′	58′	59′	60′	61′	0″	1″	2″	3″	4″	5″	6″	7″	8″	9″
70	0	18 7	18 28	18 49	19 9	19 30	19 50	20 11	20 31	0	0	1	1	1	2	2	2	3	3
	10	17 59	18 19	18 39	19 0	19 20	19 41	20 1	20 21	3	4	4	4	5	5	5	6	6	6
	20	17 50	18 10	18 30	18 51	19 11	19 31	19 51	20 11	7	7	7	8	8	8	9	9	9	10
	30	17 41	18 1	18 21	18 41	19 1	19 22	19 42	20 2	10	10	11	11	11	12	12	13	13	13
	40	17 33	17 53	18 12	18 32	18 52	19 12	19 32	19 52	13	14	14	14	15	15	15	16	16	16
	50	17 24	17 44	18 3	18 23	18 43	19 2	19 22	19 42	17	17	17	18	18	18	19	19	19	20
71	0	17 15	17 35	17 54	18 14	18 33	18 53	19 12	19 32	0	0	1	1	1	2	2	2	3	3
	10	17 6	17 26	17 45	18 5	18 24	18 43	19 3	19 22	3	3	4	4	4	5	5	5	6	6
	20	16 58	17 17	17 36	17 55	18 15	18 34	18 53	19 12	6	7	7	7	8	8	8	9	9	9
	30	16 49	17 8	17 27	17 46	18 5	18 24	18 43	19 2	10	10	10	10	11	11	11	12	12	12
	40	16 40	16 59	17 18	17 37	17 56	18 15	18 33	18 52	13	13	13	14	14	14	15	15	15	16
	50	16 32	16 50	17 9	17 28	17 46	18 5	18 24	18 42	16	16	16	17	17	17	18	18	18	19
72	0	16 23	16 41	17 0	17 18	17 37	17 55	18 14	18 32	0	0	1	1	1	2	2	2	2	3
	10	16 14	16 32	16 51	17 9	17 27	17 46	18 4	18 23	3	3	4	4	4	5	5	5	5	6
	20	16 5	16 23	16 42	17 0	17 18	17 36	17 54	18 13	6	6	7	7	7	8	8	8	8	9
	30	15 56	16 14	16 32	16 50	17 9	17 27	17 45	18 3	9	9	10	10	10	11	11	11	11	12
	40	15 47	16 5	16 23	16 41	16 59	17 17	17 35	17 53	12	12	13	13	13	14	14	14	14	15
	50	15 39	15 56	16 14	16 32	16 50	17 7	17 25	17 43	15	15	16	16	16	17	17	17	17	18
73	0	15 30	15 47	16 5	16 22	16 40	16 58	17 15	17 33	0	0	1	1	1	1	2	2	2	3
	10	15 21	15 38	15 56	16 13	16 31	16 48	17 5	17 23	3	3	3	4	4	4	5	5	5	5
	20	15 12	15 29	15 47	16 4	16 21	16 38	16 55	17 13	6	6	6	7	7	7	8	8	8	8
	30	15 3	15 20	15 37	15 54	16 11	16 29	16 46	17 3	9	9	9	9	10	10	10	11	11	11
	40	14 56	15 11	15 28	15 45	16 2	16 19	16 36	16 53	11	12	12	12	12	13	13	13	14	14
	50	14 46	15 2	15 19	15 36	15 52	16 9	16 26	16 43	14	14	15	15	15	16	16	16	16	17
74	0	14 37	14 53	15 10	15 26	15 43	15 59	16 16	16 32	0	0	1	1	1	1	2	2	2	2
	10	14 27	14 43	15 0	15 16	15 33	15 49	16 5	16 21	3	3	3	3	4	4	4	5	5	5
	20	14 19	14 35	14 51	15 8	15 24	15 40	15 56	16 12	5	6	6	6	6	7	7	7	7	8
	30	14 10	14 26	14 42	14 58	15 14	15 30	15 46	16 2	8	8	9	9	9	9	10	10	10	10
	40	14 1	14 17	14 33	14 49	15 5	15 20	15 36	15 52	11	11	11	11	12	12	12	13	13	13
	50	13 52	14 8	14 24	14 39	14 55	15 11	15 26	15 42	13	14	14	14	14	15	15	15	15	16
75	0	13 43	13 59	14 14	14 30	14 45	15 1	15 16	15 32	0	0	1	1	1	1	2	2	2	2
	10	13 34	13 50	14 5	14 20	14 36	14 51	15 7	15 22	3	3	3	3	4	4	4	4	5	5
	20	13 25	13 41	13 56	14 11	14 26	14 41	14 57	15 12	5	5	6	6	6	6	7	7	7	7
	30	13 16	13 31	13 47	14 2	14 17	14 32	14 47	15 2	8	8	8	8	9	9	9	9	10	10
	40	13 8	13 22	13 37	13 52	14 7	14 22	14 37	14 52	10	10	11	11	11	11	12	12	12	12
	50	12 59	13 13	13 28	13 45	13 57	14 12	14 27	14 41	13	13	13	13	14	14	14	14	15	15
76	0	12 49	13 4	13 19	13 33	13 48	14 2	14 17	14 31	0	0	0	1	1	1	1	2	2	2
	10	12 41	12 55	13 9	13 24	13 38	13 52	14 7	14 21	2	3	3	3	3	3	4	4	4	4
	20	12 32	12 46	13 0	13 14	13 28	13 43	13 57	14 11	5	5	5	5	6	6	6	6	7	7
	30	12 23	12 37	12 51	13 5	13 19	13 33	13 47	14 1	7	7	7	8	8	8	8	9	9	9
	40	12 13	12 27	12 41	12 55	13 9	13 22	13 36	13 50	9	10	10	10	10	10	11	11	11	11
	50	12 4	12 18	12 31	12 45	12 59	13 12	13 26	13 40	12	12	12	12	13	13	13	13	14	14
77	0	11 56	12 9	12 23	12 36	12 50	13 3	13 17	13 30	0	0	0	1	1	1	1	1	2	2
	10	11 46	11 59	12 13	12 26	12 39	12 53	13 6	13 19	2	2	3	3	3	3	4	4	4	4
	20	11 37	11 50	12 5	12 17	12 30	12 43	12 56	13 9	4	5	5	5	5	6	6	6	6	6
	30	11 29	11 42	11 55	12 8	12 21	12 35	12 47	13 0	7	7	7	7	8	8	8	8	8	9
	40	11 20	11 32	11 45	11 58	12 11	12 24	12 36	12 49	9	9	9	10	10	10	10	10	11	11
	50	11 11	11 23	11 36	11 48	12 1	12 14	12 26	12 39	11	11	11	12	12	12	12	12	13	13
78	0	11 1	11 14	11 26	11 39	11 51	12 4	12 16	12 29	0	0	0	1	1	1	1	1	2	2
	10	10 52	11 5	11 17	11 29	11 42	11 54	12 6	12 19	2	2	2	3	3	3	3	3	4	4
	20	10 43	10 55	11 8	11 20	11 32	11 44	11 56	12 8	4	4	4	5	5	5	5	5	6	6
	30	10 34	10 45	10 58	11 10	11 22	11 34	11 46	11 58	6	6	6	7	7	7	7	7	8	8
	40	10 25	10 37	10 49	11 1	11 12	11 24	11 36	11 48	8	8	8	9	9	9	9	9	10	10
	50	10 16	10 28	10 39	10 51	11 3	11 14	11 26	11 38	10	10	10	11	11	11	11	11	12	12
79	0	10 7	10 19	10 30	10 41	10 53	11 4	11 16	11 27	0	0	0	1	1	1	1	1	1	2
	10	9 58	10 9	10 21	10 32	10 43	10 54	11 6	11 17	2	2	2	2	3	3	3	3	3	3
	20	9 49	10 0	10 11	10 22	10 33	10 44	10 56	11 7	4	4	4	4	4	5	5	5	5	5
	30	9 40	9 51	10 2	10 13	10 24	10 35	10 45	10 56	5	6	6	6	6	6	7	7	7	7
	40	9 31	9 42	9 52	10 3	10 14	10 25	10 35	10 46	7	7	8	8	8	8	8	8	9	9
	50	9 22	9 32	9 43	9 53	10 4	10 15	10 25	10 36	9	9	9	10	10	10	10	10	11	11

Parallaxe horizontale.

Haut appa.	54'	55'	56'	57'	58'	59'	60'	61'	0"	1"	2"	3"	4"	5"	6"	7"	8"	9"
80 0	9 13	9 23	9 33	9 44	9 54	10 5	10 15	10 26	0	0	0	0	1	1	1	1	1	1
10	9 3	9 14	9 24	9 34	9 44	9 55	10 5	10 15	2	2	2	2	2	2	3	3	3	3
20	8 54	9 4	9 14	9 25	9 35	9 45	9 55	10 5	3	3	4	4	4	4	4	4	5	5
30	8 45	8 55	9 5	9 15	9 25	9 35	9 45	9 55	5	5	5	5	6	6	6	6	6	6
40	8 36	8 46	8 56	9 5	9 15	9 25	9 34	9 44	7	7	7	7	7	7	8	8	8	8
50	8 27	8 37	8 46	8 56	9 5	9 15	9 24	9 34	8	8	9	9	9	9	9	9	10	10
81 0	8 18	8 27	8 37	8 46	8 55	9 5	9 14	9 24	0	0	0	0	1	1	1	1	1	1
10	8 9	8 18	8 27	8 36	8 46	8 55	9 4	9 13	1	2	2	2	2	2	2	3	3	3
20	8 0	8 9	8 18	8 27	8 36	8 45	8 54	9 3	3	3	3	3	4	4	4	4	4	4
30	7 50	7 59	8 8	8 17	8 26	8 35	8 44	8 52	4	5	5	5	5	5	5	5	6	6
40	7 41	7 50	7 59	8 7	8 16	8 25	8 33	8 42	6	6	6	6	7	7	7	7	7	7
50	7 32	7 41	7 49	7 58	8 6	8 15	8 23	8 32	7	8	8	8	8	8	8	8	9	9
82 0	7 23	7 31	7 40	7 48	7 56	8 5	8 13	8 21	0	0	0	0	1	1	1	1	1	1
10	7 14	7 22	7 30	7 38	7 46	7 55	8 5	8 11	1	1	2	2	2	2	2	2	2	2
20	7 5	7 13	7 21	7 29	7 37	7 45	7 53	8 1	3	3	3	3	3	3	3	4	4	4
30	6 55	7 3	7 11	7 19	7 27	7 35	7 43	7 50	4	4	4	4	4	5	5	5	5	5
40	6 46	6 54	7 2	7 9	7 17	7 25	7 32	7 40	5	5	5	6	6	6	6	6	6	6
50	6 37	6 45	6 52	6 59	7 7	7 14	7 22	7 29	7	7	7	7	7	7	7	7	8	8
83 0	6 28	6 35	6 42	6 50	6 57	7 4	7 12	7 19	0	0	0	0	0	1	1	1	1	1
10	6 19	6 26	6 33	6 40	6 47	6 54	7 2	7 9	1	1	1	1	2	2	2	2	2	2
20	6 10	6 16	6 23	6 30	6 37	6 44	6 51	6 58	2	2	2	3	3	3	3	3	3	3
30	6 0	6 7	6 14	6 21	6 27	6 34	6 41	6 48	3	4	4	4	4	4	4	4	4	4
40	5 51	5 58	6 4	6 11	6 18	6 24	6 31	6 37	5	5	5	5	5	5	5	5	5	6
50	5 42	5 49	5 55	6 1	6 8	6 14	6 21	6 27	6	6	6	6	6	6	6	6	7	7
84 0	5 32	5 39	5 45	5 52	5 58	6 4	6 10	6 17	0	0	0	0	0	0	1	1	1	1
10	5 23	5 30	5 36	5 42	5 48	5 54	6 0	6 6	1	1	1	1	1	1	2	2	2	2
20	5 14	5 21	5 26	5 32	5 38	5 44	5 50	5 56	2	2	2	2	2	2	2	3	3	3
30	5 5	5 11	5 17	5 22	5 28	5 34	5 40	5 45	3	3	3	3	3	3	3	4	4	4
40	4 56	5 1	5 7	5 13	5 18	5 24	5 29	5 35	4	4	4	4	4	4	4	5	5	5
50	4 47	4 52	4 57	5 3	5 8	5 14	5 19	5 24	5	5	5	5	5	5	5	5	6	6
85 0	4 37	4 43	4 48	4 53	4 58	5 4	5 9	5 14	0	0	0	0	0	0	0	1	1	1
10	4 28	4 33	4 38	4 43	4 48	4 53	4 59	5 4	1	1	1	1	1	1	1	1	1	1
20	4 19	4 24	4 29	4 34	4 38	4 43	4 48	4 53	2	2	2	2	2	2	2	2	2	2
30	4 10	4 14	4 19	4 24	4 29	4 33	4 38	4 43	2	2	2	3	3	3	3	3	3	3
40	4 1	4 5	4 10	4 14	4 19	4 23	4 28	4 32	3	3	3	3	3	4	4	4	4	4
50	3 51	3 56	4 0	4 4	4 9	4 13	4 17	4 22	4	4	4	4	4	4	4	4	5	5
86 0	3 42	3 46	3 50	3 55	3 59	4 3	4 7	4 11	0	0	0	0	0	0	0	0	0	1
10	3 33	3 37	3 41	3 45	3 49	3 53	3 57	4 1	1	1	1	1	1	1	1	1	1	1
20	3 24	3 27	3 31	3 35	3 39	3 43	3 47	3 50	1	1	1	1	1	2	2	2	2	2
30	3 14	3 18	3 22	3 25	3 29	3 33	3 36	3 40	2	2	2	2	2	2	2	2	2	2
40	3 5	3 9	3 12	3 16	3 19	3 23	3 26	3 29	2	3	3	3	3	3	3	3	3	3
50	2 56	2 59	3 2	3 6	3 9	3 12	3 16	3 19	3	3	3	3	3	3	3	3	4	4
87 0	2 47	2 50	2 53	2 56	2 59	3 2	3 5	3 9	0	0	0	0	0	0	0	0	0	0
10	2 37	2 40	2 43	2 46	2 49	2 52	2 55	2 58	0	0	1	1	1	1	1	1	1	1
20	2 28	2 31	2 34	2 36	2 39	2 42	2 45	2 48	1	1	1	1	1	1	1	1	1	1
30	2 19	2 21	2 24	2 27	2 29	2 32	2 35	2 37	1	1	1	1	1	2	2	2	2	2
40	2 10	2 12	2 14	2 17	2 19	2 22	2 24	2 27	2	2	2	2	2	2	2	2	2	2
50	2 0	2 3	2 5	2 7	2 9	2 12	2 14	2 16	2	2	2	2	2	2	2	2	3	3
88 0	1 51	1 53	1 55	1 57	1 59	2 2	2 4	2 6	0	0	0	0	0	0	0	0	0	0
10	1 42	1 44	1 46	1 48	1 50	1 51	1 53	1 55	0	0	0	0	0	0	0	0	0	0
20	1 33	1 34	1 36	1 38	1 40	1 41	1 43	1 45	1	1	1	1	1	1	1	1	1	1
30	1 23	1 25	1 26	1 28	1 30	1 31	1 33	1 34	1	1	1	1	1	1	1	1	1	1
40	1 14	1 15	1 17	1 18	1 20	1 21	1 22	1 24	1	1	1	1	1	1	1	1	1	1
50	1 5	1 6	1 7	1 8	1 10	1 11	1 12	1 13	1	1	1	2	1	1	1	1	2	2
89 0	0 56	0 57	0 58	0 59	1 0	1 1	1 2	1 3	0	0	0	0	0	0	0	0	0	0
10	0 46	0 47	0 48	0 49	0 50	0 51	0 52	0 52	0	0	0	0	0	0	0	0	0	0
20	0 37	0 38	0 38	0 39	0 40	0 41	0 41	0 42	0	0	0	0	0	0	0	0	0	0
30	0 27	0 28	0 28	0 29	0 30	0 31	0 31	0 32	0	0	0	0	0	0	0	0	0	0
40	0 19	0 19	0 19	0 20	0 20	0 20	0 21	0 21	0	0	0	0	0	0	0	0	0	0
50	0 9	0 9	0 10	0 10	0 10	0 10	0 10	0 10	1	1	1	1	1	1	1	1	1	1

	0'	1'	2'	3'	4'	5'	6'	7'	8'	9'	10'	11'
0		22553	19542	17782	16532	15563	14771	14102	13522	13010	12553	12139
1	40334	22481	19506	17757	16514	15548	14759	14091	13513	13002	12545	12133
2	37324	22410	19470	17735	16496	15534	14747	14081	13504	12994	12538	12126
3	35563	22341	19435	17710	16478	15520	14735	14071	13495	12986	12531	12119
4	34315	22272	19400	17686	16460	15505	14723	14060	13486	12978	12524	12113
5	33344	22205	19365	17662	16442	15491	14711	14050	13477	12970	12517	12106
6	32553	22139	19331	17639	16425	15477	14699	14040	13468	12962	12510	12100
7	31883	22073	19296	17616	16407	15463	14687	14030	13459	12954	12502	12093
8	31303	22009	19262	17592	16390	15449	14676	14020	13450	12946	12495	12087
9	30792	21946	19228	17570	16372	15435	14664	14010	13441	12939	12488	12080
10	30334	21883	19195	17546	16355	15420	14652	13999	13432	12931	12481	12074
11	29920	21821	19161	17524	16337	15406	14640	13989	13423	12923	12474	12067
12	29542	21761	19128	17501	16320	15393	14629	13979	13415	12915	12467	12061
13	29195	21701	19096	17478	16305	15379	14617	13969	13406	12907	12459	12054
14	28873	21642	19063	17456	16286	15365	14605	13959	13397	12899	12452	12048
15	28573	21584	19031	17434	16269	15351	14594	13949	13388	12891	12445	12041
16	28293	21526	18999	17411	16252	15337	14582	13939	13379	12883	12438	12035
17	28030	21469	18967	17389	16235	15323	14571	13929	13370	12875	12431	12028
18	27782	21413	18935	17368	16218	15310	14559	13919	13362	12868	12424	12022
19	27546	21358	18904	17345	16201	15296	14548	13909	13353	12860	12417	12015
20	27324	21303	18873	17324	16184	15283	14536	13899	13344	12852	12410	12009
21	27112	21249	18842	17302	16168	15269	14525	13890	13336	12845	12403	12003
22	26910	21196	18811	17281	16151	15255	14513	13880	13327	12837	12396	11996
23	26717	21143	18781	17259	16134	15242	14502	13870	13318	12829	12389	11990
24	26532	21091	18751	17238	16118	15229	14491	13860	13310	12821	12382	11984
25	26355	21040	18720	17216	16102	15215	14479	13850	13301	12814	12375	11977
26	26184	20989	18690	17195	16085	15202	14468	13841	13293	12806	12368	11971
27	26021	20939	18661	17175	16069	15189	14457	13831	13284	12798	12362	11965
28	25862	20889	18631	17155	16053	15175	14446	13821	13275	12791	12355	11958
29	25710	20840	18602	17135	16037	15162	14435	13812	13267	12783	12348	11952
30	25563	20792	18573	17112	16021	15149	14424	13802	13259	12775	12341	11946
31	25420	20744	18544	17091	16004	15136	14412	13792	13250	12768	12334	11939
32	25283	20696	18516	17071	15988	15123	14401	13783	13241	12760	12327	11933
33	25149	20649	18487	17050	15975	15110	14390	13773	13233	12753	12320	11927
34	25019	20603	18459	17030	15957	15097	14379	13765	13224	12745	12313	11920
35	24893	20557	18431	17010	15941	15084	14368	13754	13216	12737	12306	11914
36	24771	20512	18403	16990	15925	15071	14357	13745	13208	12730	12300	11908
37	24652	20466	18375	16969	15909	15058	14346	13735	13199	12722	12293	11902
38	24536	20422	18347	16949	15894	15045	14335	13725	13191	12715	12286	11895
39	24424	20378	18320	16930	15878	15032	14325	13716	13185	12707	12279	11889
40	24313	20334	18295	16910	15862	15019	14313	13706	13174	12700	12272	11885
41	24206	20291	18266	16890	15847	15006	14303	13697	13166	12692	12265	11877
42	24102	20248	18239	16871	15832	14994	14292	13688	13158	12685	12259	11871
43	23999	20206	18212	16851	15816	14981	14281	13678	13149	12677	12252	11864
44	23899	20164	18186	16832	15801	14968	14270	13669	13141	12670	12245	11858
45	23802	20122	18159	16812	15786	14956	14260	13660	13133	12663	12239	11852
46	23706	20081	18133	16793	15770	14943	14249	13650	13124	12655	12232	11846
47	23613	20040	18107	16774	15755	14931	14238	13641	13116	12648	12225	11840
48	23522	20000	18081	16755	15740	14918	14228	13632	13108	12640	12218	11834
49	23432	19960	18055	16736	15725	14906	14217	13622	13099	12633	12212	11828
50	23344	19920	18030	16717	15710	14893	14206	13613	13091	12626	12205	11822
51	23259	19881	18004	16698	15695	14881	14196	13604	13083	12618	12198	11816
52	23174	19842	17979	16679	15680	14869	14185	13595	13075	12611	12192	11809
53	23091	19803	17954	16660	15665	14856	14175	13585	13067	12605	12185	11803
54	23010	19765	17929	16642	15651	14844	14165	13576	13059	12596	12178	11797
55	22930	19727	17904	16623	15636	14832	14154	13567	13050	12589	12172	11791
56	22852	19689	17879	16605	15621	14820	14143	13558	13042	12582	12165	11785
57	22775	19652	17855	16587	15607	14808	14135	13549	13034	12574	12159	11779
58	22700	19615	17830	16568	15592	14795	14122	13540	13026	12567	12152	11773
59	22626	19579	17805	16550	15577	14783	14112	13531	13018	12560	12145	11767
60	22553	19542	17782	16532	15563	14771	14102	13522	13010	12553	12139	11761

"	12′	13′	14′	15′	16′	17′	18′	19′	20′	21′	22′	23′	24′
0	11761	11415	11091	10792	10512	10248	0000	9765	9542	9331	9128	8955	8751
1	11755	11408	11086	10787	10507	10244	9996	9761	9539	9327	9125	8952	8748
2	11749	11402	11081	10782	10502	10240	9992	9757	9535	9324	9122	8949	8745
3	11743	11397	11076	10777	10498	10235	9988	9754	9532	9320	9119	8946	8742
4	11737	11391	11071	10772	10493	10231	9984	9750	9528	9317	9115	8943	8739
5	11731	11385	11066	10768	10489	10227	9980	9746	9524	9313	9112	8940	8736
6	11725	11380	11061	10763	10484	10223	9976	9742	9521	9310	9109	8937	8733
7	11719	11374	11055	10758	10480	10218	9972	9738	9517	9306	9105	8934	8730
8	11713	11369	11050	10753	10475	10214	9968	9735	9513	9303	9102	8931	8727
9	11707	11363	11045	10749	10471	10210	9964	9731	9510	9300	9099	8928	8724
10	11701	11358	11040	10744	10466	10206	9960	9727	9506	9296	9096	8904	8721
11	11695	11352	11035	10739	10462	10201	9956	9723	9503	9293	9092	8901	8718
12	11689	11347	11030	10734	10458	10197	9952	9720	9499	9289	9089	8898	8715
13	11683	11341	11025	10729	10453	10193	9948	9716	9495	9286	9086	8895	8712
14	11677	11336	11020	10725	10448	10189	9944	9712	9492	9282	9082	8891	8709
15	11671	11331	11015	10720	10444	10185	9940	9708	9488	9279	9079	8888	8706
16	11665	11325	11009	10715	10440	10180	9936	9704	9485	9276	9076	8885	8703
17	11659	11319	11004	10710	10435	10176	9932	9701	9481	9272	9073	8882	8700
18	11654	11314	10999	10706	10431	10172	9928	9697	9478	9269	9070	8879	8697
19	11648	11309	10994	10701	10426	10168	9924	9693	9474	9265	9066	8876	8694
20	11642	11303	10989	10696	10422	10164	9920	9689	9470	9262	9063	8873	8691
21	11636	11298	10984	10692	10418	10160	9916	9686	9467	9259	9060	8870	8688
22	11630	11292	10979	10687	10413	10155	9912	9682	9463	9255	9056	8867	8685
23	11624	11287	10974	10682	10408	10151	9908	9678	9460	9252	9053	8864	8682
24	11619	11282	10969	10678	10404	10147	9905	9675	9456	9249	9050	8861	8679
25	11613	11276	10964	10673	10400	10143	9901	9671	9453	9245	9047	8857	8676
26	11607	11271	10959	10668	10395	10139	9897	9667	9449	9242	9044	8854	8673
27	11601	11266	10954	10663	10391	10135	9893	9664	9446	9238	9041	8851	8670
28	11595	11260	10949	10659	10386	10130	9889	9660	9442	9235	9037	8848	8667
29	11589	11255	10944	10654	10382	10126	9885	9656	9439	9231	9034	8845	8664
30	11584	11249	10939	10649	10378	10122	9881	9652	9435	9228	9031	8842	8661
31	11578	11244	10934	10645	10373	10118	9877	9648	9431	9225	9027	8839	8658
32	11572	11238	10929	10640	10369	10114	9873	9645	9428	9221	9024	8836	8655
33	11566	11233	10924	10635	10365	10110	9869	9641	9425	9218	9021	8833	8652
34	11560	11228	10919	10631	10360	10106	9865	9637	9421	9215	9018	8830	8649
35	11555	11222	10914	10626	10356	10102	9861	9634	9417	9211	9015	8827	8646
36	11549	11217	10909	10621	10352	10098	9858	9630	9414	9208	9012	8824	8643
37	11543	11212	10904	10617	10347	10093	9854	9626	9410	9205	9008	8820	8640
38	11537	11206	10899	10612	10343	10089	9850	9623	9407	9201	9005	8817	8637
39	11532	11201	10894	10608	10339	10085	9846	9619	9404	9198	9002	8814	8635
40	11526	11196	10889	10603	10334	10081	9842	9615	9400	9195	8999	8811	8632
41	11520	11191	10884	10598	10330	10077	9838	9612	9396	9191	8995	8808	8629
42	11515	11186	10880	10594	10326	10073	9834	9608	9393	9188	8992	8805	8626
43	11509	11180	10875	10589	10321	10069	9830	9604	9389	9185	8989	8802	8623
44	11503	11175	10870	10584	10317	10065	9826	9601	9386	9181	8986	8799	8620
45	11498	11170	10865	10580	10313	10061	9823	9597	9383	9178	8983	8796	8617
46	11492	11164	10860	10575	10308	10057	9819	9593	9379	9175	8980	8793	8614
47	11486	11159	10855	10571	10304	10053	9815	9590	9375	9171	8976	8790	8611
48	11481	11154	10850	10566	10300	10049	9811	9586	9372	9168	8973	8787	8608
49	11475	11148	10845	10561	10295	10044	9807	9582	9368	9165	8970	8784	8605
50	11469	11143	10840	10557	10291	10040	9805	9579	9365	9161	8967	8781	8602
51	11464	11138	10835	10552	10287	10036	9800	9575	9362	9158	8964	8778	8599
52	11458	11133	10830	10548	10282	10032	9796	9571	9358	9155	8960	8775	8596
53	11452	11128	10826	10543	10278	10028	9792	9568	9355	9151	8957	8772	8593
54	11447	11123	10821	10539	10274	10024	9788	9564	9351	9148	8954	8769	8590
55	11441	11117	10816	10534	10269	10020	9784	9560	9348	9145	8951	8766	8588
56	11435	11112	10811	10529	10265	10016	9780	9557	9344	9141	8948	8763	8585
57	11430	11107	10806	10525	10261	10012	9777	9553	9341	9138	8945	8760	8582
58	11424	11102	10801	10520	10257	10008	9773	9549	9337	9135	8942	8757	8579
59	11419	11096	10796	10516	10252	10004	9769	9546	9334	9132	8938	8754	8576
60	11413	11091	10792	10512	10248	10000	9765	9542	9331	9128	8935	8751	8573

TABLE IX. Log. logistiques pour 180 minutes.

″	25'	26'	27'	28'	29'	30'	31'	32'	33'	34'	35'	36'	37'	38'	39'
0	8573	8403	8239	8081	7929	7782	7639	7501	7368	7238	7112	6990	6871	6755	6642
1	8570	8400	8236	8078	7926	7779	7637	7499	7365	7236	7110	6988	6869	6755	6640
2	8567	8397	8234	8076	7924	7776	7634	7496	7363	7234	7108	6986	6867	6751	6638
3	8565	8395	8231	8073	7921	7774	7632	7494	7361	7232	7106	6984	6865	6749	6637
4	8562	8392	8228	8071	7919	7772	7630	7492	7359	7229	7104	6982	6863	6747	6635
5	8559	8389	8225	8068	7916	7769	7627	7490	7356	7227	7102	6980	6861	6745	6633
6	8556	8386	8223	8066	7914	7767	7625	7488	7354	7225	7100	6978	6859	6743	6631
7	8553	8383	8220	8063	7911	7764	7623	7485	7352	7223	7097	6976	6857	6741	6629
8	8550	8381	8217	8060	7909	7762	7620	7483	7350	7221	7095	6974	6855	6739	6627
9	8547	8378	8215	8058	7906	7760	7618	7481	7348	7219	7093	6972	6853	6738	6625
10	8544	8375	8212	8055	7904	7757	7616	7478	7345	7216	7091	6970	6851	6736	6623
11	8541	8372	8209	8053	7901	7755	7613	7476	7343	7214	7089	6968	6849	6734	6621
12	8539	8370	8207	8050	7899	7753	7611	7474	7341	7212	7087	6966	6847	6732	6620
13	8536	8367	8204	8047	7896	7750	7609	7472	7339	7210	7085	6964	6845	6730	6618
14	8533	8364	8202	8045	7894	7748	7606	7469	7337	7208	7083	6962	6843	6728	6616
15	8530	8361	8199	8043	7891	7745	7604	7467	7335	7206	7081	6960	6841	6726	6614
16	8527	8358	8196	8040	7889	7743	7602	7465	7332	7204	7079	6958	6839	6724	6612
17	8524	8356	8194	8037	7886	7740	7599	7463	7330	7202	7077	6956	6837	6722	6610
18	8522	8353	8191	8035	7884	7738	7597	7461	7328	7200	7075	6954	6836	6721	6609
19	8519	8350	8188	8032	7881	7736	7595	7458	7326	7197	7073	6952	6834	6719	6607
20	8516	8347	8186	8030	7879	7733	7592	7456	7324	7195	7071	6950	6832	6717	6605
21	8513	8345	8183	8027	7877	7731	7590	7454	7322	7193	7069	6948	6830	6715	6603
22	8510	8342	8180	8024	7874	7729	7588	7252	7319	7191	7067	6946	6828	6713	6601
23	8507	8339	8178	8022	7872	7726	7586	7449	7317	7189	7065	6944	6826	6711	6599
24	8504	8337	8175	8020	7869	7724	7583	7447	7315	7187	7063	6942	6824	6709	6598
25	8501	8334	8172	8017	7867	7721	7581	7445	7313	7185	7061	6940	6822	6707	6596
26	8498	8331	8170	8014	7864	7719	7579	7443	7311	7183	7059	6938	6820	6705	6594
27	8496	8328	8167	8012	7862	7717	7577	7441	7309	7181	7057	6936	6818	6704	6592
28	8493	8326	8164	8009	7859	7714	7574	7438	7306	7179	7054	6934	6816	6702	6590
29	8490	8323	8162	8007	7857	7712	7572	7436	7304	7177	7052	6932	6814	6700	6588
30	8487	8320	8159	8004	7855	7710	7570	7434	7302	7175	7050	6930	6812	6698	6587
31	8484	8317	8157	8002	7852	7707	7567	7431	7300	7172	7048	6928	6810	6696	6585
32	8481	8315	8154	7999	7849	7705	7565	7429	7298	7170	7046	6926	6808	6694	6583
33	8479	8312	8152	7997	7847	7705	7563	4427	7296	7168	7044	6924	6807	6692	6581
34	8476	8309	8149	7994	7844	7700	7560	7425	7293	7166	7042	6922	6805	6690	6579
35	8473	8306	8146	7991	7842	7698	7558	7423	7291	7164	7040	6920	6803	6689	6577
36	8470	8304	8144	7989	7840	7696	7556	7421	7289	7162	7038	6918	6801	6687	6576
37	8467	8301	8141	7986	7837	7693	7553	7418	7287	7160	7036	6916	6799	6685	6574
38	8464	8298	8138	7984	7835	7691	7551	7416	7285	7158	7034	6914	6797	6683	6572
39	8462	8296	8136	7981	7833	7688	7549	8414	7283	7156	7032	6912	6795	6681	6570
40	8459	8293	8133	7979	7830	7686	7546	7411	7281	7153	7030	6910	6793	6679	6568
41	8456	8290	8130	7976	7827	7683	7544	7409	7278	7151	7028	6908	6791	6677	6566
42	8453	8288	8128	7974	7825	7681	7542	7407	7276	7149	7026	6906	6789	6676	6565
43	8450	8285	8125	7971	7823	7679	7540	7405	7274	7147	7024	6904	6787	6674	6563
44	8448	8282	8122	7969	7820	7676	7537	7403	7272	7145	7022	6902	6785	6672	6561
45	8445	8279	8120	7966	7818	7674	7535	7401	7270	7143	7020	6900	6784	6670	6559
46	8442	8277	8117	7964	7815	7672	7533	7398	7268	7141	7018	6898	6782	6668	6557
47	8439	8274	8115	7961	7813	7669	7531	7396	7266	7139	7016	6896	6780	6666	6556
48	8437	8271	8112	7959	7811	7667	7528	7394	7264	7137	7014	6894	6778	6664	6554
49	8434	8268	8109	7956	7808	7665	7526	7392	7261	7135	7012	6892	6776	6662	6552
50	8431	8266	8107	7954	7805	7662	7524	7389	7259	7133	7010	6890	6774	6660	6550
51	8428	8263	8104	7951	7803	7660	7522	7387	7257	7131	7008	6888	6772	6659	6548
52	8425	8260	8102	7949	7801	7658	7519	7385	7255	7128	7006	6886	6770	6657	6546
53	8422	8258	8099	7946	7798	7655	7517	7383	7253	7126	7004	6884	6768	6655	6545
54	8420	8255	8097	7944	7796	7653	7515	7381	7251	7124	7002	6882	6766	6653	6543
55	8417	8252	8094	7941	7793	7651	7512	7378	7248	7122	7000	6880	6764	6651	6541
56	8414	8250	8091	7939	7791	7648	7510	7376	7246	7120	6998	6878	6762	6649	6539
57	8411	8247	8089	7936	7789	7646	7508	7374	7244	7118	6996	6877	6761	6648	6538
58	8408	8244	8086	7934	7786	7644	7506	7372	7242	7116	6994	6875	6759	6646	6536
59	8406	8242	8084	7931	7784	7641	7503	7370	7240	7114	6992	6873	6757	6644	6534
60	8403	8239	8081	7929	7782	7639	7501	7368	7238	7112	6990	6871	6755	6642	6532

TABLE IX. Log. logistiques pour 180 minutes.

	40'	41'	42'	43'	44'	45'	46'	47'	48'	49'	50'	51'	52'	53'	54'
0	6532	6425	6320	6218	6118	6021	5925	5832	5740	5651	5563	5477	5393	5310	5229
1	6530	6423	6318	6216	6116	6019	5923	5830	5739	5649	5561	5475	5391	5308	5227
2	6528	6421	6317	6214	6115	6017	5922	5828	5737	5648	5560	5474	5390	5307	5226
3	6527	6420	6315	6213	6113	6016	5920	5827	5736	5646	5559	5473	5389	5306	5225
4	6525	6418	6313	6211	6111	6014	5919	5825	5734	5645	5557	5471	5387	5304	5223
5	6523	6416	6311	6209	6110	6012	5917	5824	5733	5643	5556	5470	5386	5303	5222
6	6521	6414	6310	6208	6108	6011	5916	5823	5731	5642	5554	5469	5384	5302	5221
7	6519	6412	6308	6206	6106	6009	5914	5821	5730	5640	5553	5467	5383	5300	5219
8	6517	6411	6306	6204	6105	6008	5912	5819	5728	5639	5551	5465	5381	5299	5218
9	6516	6409	6305	6203	6103	6006	5911	5818	5727	5637	5550	5464	5380	5298	5217
10	6514	6407	6303	6201	6102	6004	5909	5816	5725	5636	5548	5463	5379	5296	5215
11	6512	6405	6301	6199	6100	6003	5908	5815	5724	5634	5547	5461	5377	5295	5214
12	6510	6404	6300	6198	6099	6001	5906	5813	5722	5633	5546	5460	5376	5294	5213
13	6508	6402	6298	6196	6097	6000	5905	5812	5721	5631	5544	5458	5374	5292	5211
14	6507	6400	6296	6194	6095	5998	5903	5810	5719	5630	5543	5457	5373	5291	5210
15	6505	6398	6294	6193	6094	5997	5902	5809	5718	5629	5541	5456	5372	5290	5209
16	6503	6397	6293	6191	6092	5995	5900	5807	5716	5627	5540	5454	5370	5288	5207
17	6501	6395	6291	6189	6090	5993	5898	5805	5715	5626	5538	5453	5369	5287	5206
18	6500	6393	6289	6188	6089	5992	5897	5804	5713	5624	5537	5452	5368	5285	5205
19	6498	6391	6287	6186	6087	5990	5895	5802	5712	5623	5535	5450	5366	5284	5203
20	6496	6390	6286	6184	6085	5988	5894	5801	5710	5621	5534	5449	5365	5283	5202
21	6494	6388	6284	6183	6084	5987	5892	5800	5709	5620	5533	5447	5364	5281	5201
22	6492	6386	6282	6181	6082	5985	5890	5798	5707	5618	5531	5446	5362	5280	5199
23	6490	6384	6281	6179	6080	5984	5889	5796	5706	5617	5530	5444	5361	5278	5198
24	6489	6383	6279	6178	6079	5982	5888	5795	5704	5615	5528	5443	5359	5277	5197
25	6487	6381	6277	6176	6077	5980	5886	5793	5703	5614	5527	5441	5358	5275	5195
26	6485	6379	6275	6174	6075	5979	5884	5792	5701	5612	5525	5440	5356	5274	5194
27	6484	6377	6274	6173	6074	5977	5883	5790	5700	5611	5524	5439	5355	5273	5193
28	6482	6376	6272	6171	6072	5976	5881	5789	5698	5609	5522	5437	5354	5272	5191
29	6480	6374	6270	6169	6071	5974	5880	5787	5697	5608	5521	5436	5352	5270	5190
30	6478	6372	6269	6168	6069	5973	5878	5786	5695	5607	5520	5435	5351	5269	5189
31	6476	6370	6267	6166	6067	5971	5876	5784	5694	5605	5518	5433	5350	5268	5187
32	6474	6369	6265	6164	6066	5969	5875	5783	5693	5604	5517	5432	5348	5266	5186
33	6473	6367	6264	6163	6064	5968	5874	5781	5691	5602	5516	5430	5347	5265	5185
34	6471	6365	6262	6161	6062	5966	5872	5779	5689	5601	5514	5429	5345	5264	5183
35	6469	6363	6260	6159	6061	5964	5870	5778	5688	5599	5512	5427	5344	5262	5182
36	6467	6362	6259	6158	6059	5963	5869	5777	5686	5598	5511	5426	5343	5261	5181
37	6465	6360	6257	6156	6058	5961	5867	5775	5685	5596	5510	5425	5341	5260	5179
38	6464	6358	6255	6154	6056	5960	5866	5773	5683	5595	5508	5423	5340	5258	5178
39	6462	6357	6254	6153	6055	5958	5864	5772	5682	5594	5507	5422	5339	5257	5177
40	6460	6355	6252	6151	6053	5957	5862	5770	5680	5592	5505	5420	5337	5255	5175
41	6458	6353	6250	6149	6051	5955	5861	5769	5679	5590	5504	5419	5336	5254	5174
42	6457	6351	6248	6148	6050	5954	5860	5768	5677	5589	5503	5418	5335	5253	5173
43	6455	6349	6247	6146	6048	5952	5858	5766	5676	5587	5501	5416	5333	5251	5171
44	6453	6348	6245	6144	6046	5950	5856	5764	5674	5586	5500	5415	5332	5250	5170
45	6451	6346	6243	6143	6045	5949	5855	5763	5673	5585	5498	5414	5331	5249	5169
46	6449	6344	6241	6141	6043	5947	5853	5761	5671	5583	5497	5412	5329	5247	5167
47	6448	6342	6240	6139	6041	5945	5852	5760	5670	5582	5495	5411	5328	5246	5166
48	6446	6341	6238	6138	6040	5944	5850	5758	5669	5580	5494	5409	5326	5245	5165
49	6444	6339	6236	6136	6038	5942	5849	5757	5667	5579	5492	5408	5325	5243	5163
50	6442	6337	6235	6134	6037	5941	5847	5755	5665	5577	5491	5406	5323	5242	5162
51	6441	6336	6233	6133	6035	5939	5846	5754	5664	5576	5490	5405	5322	5241	5161
52	6439	6334	6231	6131	6033	5938	5844	5752	5662	5574	5488	5404	5321	5239	5159
53	6437	6332	6230	6130	6032	5936	5842	5751	5661	5573	5487	5403	5319	5238	5158
54	6435	6331	6228	6128	6030	5935	5841	5749	5660	5572	5486	5401	5318	5237	5157
55	6434	6329	6226	6126	6028	5933	5839	5748	5658	5570	5484	5399	5317	5235	5155
56	6432	6327	6225	6125	6027	5931	5838	5746	5656	5569	5482	5398	5315	5234	5154
57	6430	6325	6223	6123	6025	5930	5836	5745	5655	5567	5481	5397	5314	5233	5153
58	6428	6323	6221	6121	6024	5928	5835	5743	5654	5566	5480	5395	5312	5231	5152
59	6426	6322	6220	6120	6022	5927	5833	5742	5652	5564	5478	5394	5311	5230	5150
60	6425	6320	6218	6118	6021	5925	5832	5740	5651	5563	5477	5393	5310	5229	5149

"	55'	56'	57'	58'	59'	60'	61'	62'	63'	64'	65'	66'	67'	68'	69'
0	5149	5071	4994	4918	4844	4771	4699	4629	4559	4491	4424	4357	4292	4228	4164
1	5148	5069	4992	4917	4843	4770	4698	4627	4558	4490	4422	4356	4291	4226	4163
2	5146	5068	4991	4916	4842	4769	4697	4626	4557	4489	4421	4355	4290	4225	4162
3	5145	5067	4990	4915	4841	4768	4696	4625	4556	4488	4420	4354	4289	4224	4161
4	5144	5065	4989	4913	4839	4766	4694	4624	4555	4486	4419	4353	4287	4223	4160
5	5142	5064	4987	4912	4838	4765	4693	4623	4553	4485	4418	4352	4286	4222	4159
6	5141	5063	4986	4911	4837	4764	4692	4622	4552	4484	4417	4351	4285	4221	4158
7	5140	5062	4985	4910	4835	4763	4691	4620	4551	4483	4416	4349	4284	4220	4157
8	5138	5060	4984	4908	4834	4761	4690	4619	4550	4482	4415	4348	4283	4219	4156
9	5137	5059	4983	4907	4833	4760	4689	4618	4549	4481	4414	4347	4282	4218	4155
10	5136	5058	4981	4906	4832	4759	4687	4617	4548	4479	4412	4346	4281	4217	4154
11	5134	5056	4980	4905	4831	4758	4686	4616	4547	4478	4411	4345	4280	4216	4153
12	5133	5055	4979	4903	4830	4757	4685	4615	4546	4477	4410	4344	4279	4215	4152
13	5132	5054	4977	4902	4828	4755	4684	4613	4544	4476	4409	4343	4278	4214	4151
14	5130	5053	4976	4901	4827	4754	4683	4612	4543	4475	4408	4342	4277	4213	4150
15	5129	5051	4975	4900	4826	4753	4682	4611	4542	4474	4407	4341	4276	4212	4149
16	5128	5050	4973	4898	4824	4752	4680	4610	4541	4473	4406	4340	4275	4211	4147
17	5127	5049	4972	4897	4823	4751	4679	4609	4540	4472	4405	4339	4274	4210	4146
18	5125	5048	4971	4896	4822	4750	4678	4608	4539	4471	4404	4338	4273	4209	4145
19	5124	5046	4970	4895	4821	4748	4677	4606	4537	4469	4402	4336	4271	4207	4144
20	5123	5045	4968	4893	4820	4747	4676	4605	4536	4468	4401	4335	4270	4206	4143
21	5122	5044	4967	4892	4819	4746	4675	4604	4535	4467	4400	4334	4269	4205	4142
22	5120	5042	4966	4891	4817	4745	4673	4603	4534	4465	4399	4333	4268	4204	4141
23	5119	5041	4965	4890	4816	4745	4672	4602	4533	4465	4398	4332	4267	4203	4140
24	5118	5040	4964	4889	4815	4742	4671	4601	4532	4464	4397	4331	4266	4202	4139
25	5116	5038	4962	4887	4813	4741	4670	4600	4530	4463	4396	4330	4265	4201	4138
26	5115	5037	4961	4886	4812	4740	4669	4598	4529	4461	4395	4329	4264	4200	4137
27	5114	5036	4960	4885	4811	4739	4668	4597	4528	4460	4394	4328	4263	4199	4136
28	5112	5035	4958	4885	4810	4737	4666	4596	4527	4459	4392	4327	4262	4198	4135
29	5111	5033	4957	4882	4809	4736	4665	4595	4526	4458	4391	4326	4261	4197	4134
30	5110	5032	4956	4881	4808	4735	4664	4594	4525	4457	4390	4325	4260	4196	4133
31	5108	5031	4955	4880	4806	4734	4663	4593	4524	4456	4389	4323	4258	4195	4132
32	5107	5029	4953	4878	4805	4733	4661	4591	4523	4455	4388	4322	4257	4194	4131
33	5106	5028	4952	4877	4804	4732	4660	4590	4522	4454	4387	4321	4256	4193	4130
34	5104	5027	4951	4876	4802	4730	4659	4589	4520	4452	4386	4320	4255	4191	4129
35	5103	5026	4950	4875	4801	4729	4658	4588	4519	4451	4385	4319	4254	4190	4128
36	5102	5025	4949	4874	4800	4728	4657	4587	4518	4450	4384	4318	4253	4189	4127
37	5100	5025	4947	4872	4799	4727	4656	4586	4517	4449	4382	4317	4252	4188	4126
38	5099	5022	4946	4871	4798	4725	4654	4585	4516	4448	4381	4316	4251	4187	4125
39	5098	5021	4945	4870	4797	4724	4653	4584	4515	4447	4380	4315	4250	4186	4124
40	5097	5019	4943	4869	4795	4723	4652	4582	4513	4446	4379	4313	4249	4185	4122
41	5095	5018	4942	4867	4794	4722	4651	4581	4512	4445	4378	4312	4248	4184	4121
42	5094	5017	4941	4866	4793	4721	4650	4580	4511	4444	4377	4311	4247	4183	4120
43	5093	5015	4940	4865	4792	4719	4648	4579	4510	4442	4376	4310	4246	4182	4119
44	5091	5014	4938	4864	4790	4718	4647	4578	4509	4441	4375	4309	4245	4181	4118
45	5090	5013	4937	4863	4789	4717	4646	4577	4508	4440	4374	4308	4244	4180	4117
46	5089	5012	4936	4861	4788	4716	4645	4575	4507	4439	4372	4307	4242	4179	4116
47	5087	5010	4934	4860	4787	4715	4644	4574	4506	4438	4371	4306	4241	4178	4115
48	5086	5009	4933	4859	4786	4714	4643	4573	4505	4437	4370	4305	4240	4177	4114
49	5085	5008	4932	4858	4784	4712	4641	4572	4503	4436	4369	4304	4239	4176	4113
50	5084	5006	4931	4856	4783	4711	4640	4571	4502	4435	4368	4303	4238	4175	4112
51	5082	5005	4930	4855	4782	4710	4639	4570	4501	4434	4367	4302	4237	4174	4111
52	5081	5004	4928	4854	4781	4709	4638	4568	4500	4432	4366	4300	4236	4173	4110
53	5080	5003	4927	4853	4779	4708	4637	4567	4499	4431	4365	4299	4235	4172	4109
54	5079	5002	4926	4852	4778	4707	4636	4566	4498	4430	4364	4298	4234	4171	4108
55	5077	5000	4924	4850	4777	4705	4634	4565	4496	4429	4363	4297	4233	4169	4107
56	5076	4999	4923	4849	4776	4704	4633	4564	4495	4428	4362	4296	4232	4168	4106
57	5075	4998	4922	4848	4775	4703	4632	4563	4494	4427	4361	4295	4231	4167	4105
58	5073	4996	4921	4846	4773	4702	4631	4561	4493	4426	4359	4294	4230	4166	4104
59	5072	4995	4919	4845	4772	4700	4630	4560	4492	4425	4358	4293	4229	4165	4103
60	5071	4994	4918	4844	4771	4699	4629	4559	4491	4424	4357	4292	4228	4164	4102

TABLE IX. Log. logistiques pour 180 minutes.

	70′	71′	72′	73′	74′	75′	76′	77′	78′	79′	80′	81′	82′	83′	84′
0	4102	4040	3979	3919	3860	3802	3745	3688	3632	3576	3522	3468	3415	3362	3310
1	4101	4039	3978	3918	3859	3801	3744	3687	3631	3575	3521	3467	3414	3361	3309
2	4100	4038	3977	3917	3858	3800	3743	3686	3630	3574	3520	3466	3413	3360	3308
3	4099	4037	3976	3917	3857	3799	3742	3685	3630	3574	3519	3465	3412	3359	3307
4	4098	4036	3975	3916	3856	3798	3741	3684	3628	3573	3518	3464	3411	3358	3306
5	4097	4035	3974	3915	3855	3797	3740	3683	3627	3572	3517	3463	3410	3358	3306
6	4096	4034	3973	3914	3855	3796	3739	3682	3626	3571	3516	3463	3409	3357	3305
7	4094	4033	3972	3913	3854	3795	3738	3681	3625	3570	3515	3462	3408	3356	3304
8	4093	4032	3971	3912	3853	3794	3737	3680	3624	3569	3514	3461	3407	3355	3303
9	4092	4031	3970	3911	3852	3793	3736	3679	3623	3568	3514	3460	3407	3354	3302
10	4091	4030	3969	3910	3851	3792	3735	3678	3622	3567	3515	3459	3406	3353	3301
11	4090	4029	3968	3909	3850	3791	3734	3677	3621	3566	3512	3458	3405	3352	3300
12	4089	4028	3967	3908	3849	3791	3733	3677	3621	3565	3511	3457	3404	3351	3300
13	4088	4027	3966	3907	3848	3790	3732	3676	3620	3564	3510	3456	3403	3351	3299
14	4087	4026	3965	3906	3847	3789	3731	3675	3619	3563	3509	3455	3402	3350	3298
15	4086	4025	3964	3905	3846	3788	3730	3674	3618	3563	3508	3454	3401	3349	3297
16	4085	4024	3963	3904	3845	3787	3729	3673	3617	3562	3507	3454	3400	3348	3296
17	4084	4023	3962	3903	3844	3786	3728	3672	3616	3561	3506	3453	3400	3347	3295
18	4083	4022	3961	3902	3843	3785	3727	3671	3615	3560	3506	3452	3399	3346	3294
19	4082	4021	3960	3901	3842	3784	3726	3670	3614	3559	3505	3451	3398	3345	3294
20	4081	4020	3959	3900	3841	3783	3725	3669	3613	3558	3504	3450	3397	3344	3293
21	4080	4019	3958	3899	3840	3782	3725	3668	3612	3557	3505	3449	3396	3344	3292
22	4079	4018	3957	3898	3839	3781	3724	3667	3611	3556	3502	3448	3395	3343	3291
23	4078	4017	3956	3897	3838	3780	3723	3666	3610	3555	3501	3447	3394	3342	3290
24	4077	4016	3955	3896	3837	3779	3722	3665	3610	3555	3500	3446	3393	3341	3289
25	4076	4015	3954	3895	3836	3778	3721	3664	3609	3554	3499	3445	3393	3340	3288
26	4075	4014	3953	3894	3835	3777	3720	3663	3608	3553	3498	3445	3392	3339	3287
27	4074	4013	3952	3893	3834	3776	3719	3663	3607	3552	3497	3444	3391	3338	3287
28	4073	4012	3951	3892	3833	3775	3718	3662	3606	3551	3496	3443	3390	3338	3286
29	4072	4011	3950	3891	3832	3774	3717	3661	3605	3550	3496	3442	3389	3337	3285
30	4071	4010	3949	3890	3831	3773	3716	3660	3604	3549	3495	3441	3388	3336	3284
31	4070	4009	3948	3889	3830	3772	3715	3659	3603	3548	3494	3440	3387	3335	3283
32	4069	4008	3947	3888	3829	3771	3714	3658	3602	3547	3493	3439	3386	3334	3282
33	4068	4007	3946	3887	3828	3770	3713	3657	3601	3546	3492	3438	3386	3333	3282
34	4067	4006	3945	3886	3827	3769	3712	3656	3600	3545	3491	3438	3385	3332	3281
35	4066	4005	3944	3885	3826	3768	3711	3655	3599	3544	3490	3437	3384	3331	3280
36	4065	4004	3943	3884	3825	3768	3710	3654	3598	3544	3489	3436	3383	3331	3279
37	4064	4003	3942	3883	3824	3767	3709	3653	3597	3543	3488	3435	3382	3330	3278
38	4063	4002	3941	3882	3823	3766	3708	3652	3596	3542	3487	3434	3381	3329	3277
39	4062	4001	3940	3881	3822	3765	3708	3651	3596	3541	3487	3433	3380	3328	3276
40	4061	4000	3939	3880	3821	3764	3707	3650	3595	3540	3486	3432	3379	3327	3276
41	4060	3999	3938	3879	3820	3763	3706	3649	3594	3539	3485	3431	3378	3326	3275
42	4059	3998	3937	3878	3820	3762	3705	3649	3593	3538	3484	3431	3378	3325	3274
43	4057	3997	3936	3877	3819	3761	3704	3648	3592	3537	3483	3430	3377	3325	3273
44	4056	3996	3935	3876	3818	3760	3703	3647	3591	3536	3482	3429	3376	3324	3272
45	4055	3995	3934	3875	3817	3759	3702	3646	3590	3535	3481	3428	3375	3323	3271
46	4054	3993	3933	3874	3816	3758	3701	3645	3589	3534	3480	3427	3374	3322	3270
47	4053	3992	3932	3873	3815	3757	3700	3644	3588	3533	3479	3426	3373	3321	3270
48	4052	3991	3931	3872	3814	3756	3699	3643	3587	3533	3479	3425	3372	3320	3269
49	4051	3990	3930	3871	3813	3755	3698	3642	3586	3532	3478	3424	3371	3319	3268
50	4050	3989	3929	3870	3812	3754	3697	3641	3585	3531	3477	3423	3371	3318	3267
51	4049	3988	3928	3869	3811	3753	3696	3640	3585	3530	3476	3423	3370	3318	3266
52	4048	3987	3927	3868	3810	3752	3695	3639	3584	3529	3475	3422	3369	3317	3265
53	4047	3986	3926	3867	3809	3751	3694	3638	3583	3528	3474	3421	3368	3316	3264
54	4046	3985	3925	3866	3808	3750	3693	3637	3582	3527	3475	3420	3367	3315	3264
55	4045	3984	3924	3865	3807	3749	3692	3636	3581	3526	3472	3419	3366	3314	3263
56	4044	3983	3923	3864	3806	3748	3691	3635	3580	3525	3471	3418	3365	3313	3262
57	4043	3982	3922	3863	3805	3747	3691	3635	3579	3525	3471	3417	3365	3313	3261
58	4042	3981	3921	3862	3804	3746	3690	3634	3578	3524	3470	3416	3364	3312	3260
59	4041	3980	3920	3861	3803	3745	3689	3633	3577	3523	3469	3415	3363	3311	3259
60	4040	3979	3919	3860	3802	3745	3688	3632	3576	3522	3468	3415	3362	3310	3259

″	85′	86′	87′	88′	89′	90′	91′	92′	93′	94′	95′	96′	97′	98′	99′
0	3259	3208	3158	3108	3059	3010	2962	2915	2868	2821	2775	2730	2685	2640	2296
1	3258	3207	3157	3107	3058	3009	2961	2914	2867	2821	2775	2729	2684	2640	2596
2	3257	3206	3156	3106	3057	3009	2961	2913	2866	2820	2774	2728	2685	2639	2596
3	3256	3205	3155	3105	3056	3008	2960	2912	2866	2819	2775	2728	2683	2638	2595
4	3255	3204	3154	3105	3056	3007	2959	2912	2865	2818	2772	2727	2682	2637	2595
5	3254	3203	3155	3104	3055	3006	2958	2911	2864	2818	2772	2726	2681	2637	2595
6	3253	3203	3153	3103	3054	3005	2958	2910	2863	2817	2771	2725	2681	2636	2592
7	3253	3202	3152	3102	3053	3005	2957	2909	2862	2816	2770	2725	2680	2635	2591
8	3252	3201	3151	3101	3052	3004	2956	2908	2862	2815	2769	2724	2679	2634	2590
9	3251	3200	3150	3101	3052	3003	2955	2908	2861	2815	2769	2723	2678	2634	2590
10	3250	3199	3149	3100	3051	3002	2954	2907	2860	2814	2768	2723	2678	2633	2589
11	3249	3198	3148	3099	3050	3001	2954	2906	2859	2813	2767	2722	2677	2632	2588
12	3248	3198	3148	3098	3049	3001	2953	2905	2859	2812	2766	2721	2676	2632	2588
13	3247	3197	3147	3097	3048	3000	2952	2905	2858	2811	2766	2720	2675	2631	2587
14	3247	3196	3146	3096	3047	2999	2951	2904	2857	2811	2765	2719	2675	2630	2586
15	3246	3195	3145	3096	3047	2998	2950	2903	2856	2810	2764	2719	2674	2629	2585
16	3245	3194	3144	3095	3046	2997	2950	2902	2855	2809	2763	2718	2673	2629	2585
17	3244	3193	3145	3094	3045	2997	2949	2901	2855	2808	2762	2717	2672	2628	2584
18	3243	3193	3143	3093	3044	2996	2948	2901	2854	2808	2762	2716	2672	2627	2583
19	3242	3192	3142	3092	3043	2995	2947	2900	2853	2807	2761	2716	2671	2626	2582
20	3241	3191	3141	3091	3045	2994	2946	3899	2852	2806	2760	2715	2670	2626	2582
21	3241	3190	3140	3091	3042	2993	2946	2898	2852	2805	2760	2714	2669	2625	2581
22	3240	3189	3139	3090	3041	2993	2945	2898	2851	2804	2759	2713	2669	2624	2580
23	3239	3188	3138	3089	3040	2992	2944	2897	2850	2804	2758	2713	2668	2623	2580
24	3238	3188	3138	3088	3039	2991	2943	2896	2849	2803	2757	2712	2667	2623	2579
25	3237	3187	3137	3087	3038	2990	2942	2895	2848	2802	2756	2711	2666	2622	2578
26	3236	3186	3136	3086	3038	2989	2942	2894	2848	2801	2756	2710	2666	2621	2577
27	3236	3185	3135	3086	3037	2989	2941	2894	2847	2801	2755	2710	2665	2621	2577
28	3235	3184	3134	3085	3036	2988	2940	2893	2846	2800	2754	2709	2664	2620	2576
29	3234	3183	3133	3084	3035	2987	2939	2892	2845	2799	2753	2708	2663	2619	2575
30	3233	3183	3133	3083	3034	2986	2939	2891	2845	2798	2753	2707	2663	2618	2574
31	3232	3182	3132	3082	3034	2985	2938	2890	2844	2798	2752	2707	2662	2618	2574
32	3231	3181	3131	3082	3033	2985	2937	2890	2843	2797	2751	2706	2661	2617	2573
33	3231	3180	3130	3081	3032	2984	2936	2889	2842	2796	2750	2705	2660	2616	2572
34	3230	3179	3129	3080	3031	2983	2935	2888	2841	2795	2750	2704	2660	2615	2572
35	3229	3178	3128	3079	3030	2982	2934	2887	2841	2795	2749	2704	2659	2615	2571
36	3228	3178	3128	3078	3030	2981	2934	2887	2840	2794	2748	2703	2658	2614	2570
37	3227	3177	3127	3078	3029	2981	2933	2886	2839	2793	2747	2702	2657	2613	2569
38	3226	3176	3126	3077	3028	2980	2932	2885	2838	2792	2747	2701	2657	2612	2569
39	3225	3175	3125	3076	3027	2979	2931	2884	2838	2792	2746	2701	2656	2612	2568
40	3225	3174	3124	3075	3026	2978	2931	2883	2837	2791	2745	2700	2655	2611	2567
41	3224	3173	3123	3074	3026	2977	2930	2883	2836	2790	2744	2699	2554	2610	2566
42	3223	3173	3123	3073	3025	2977	2929	2882	2835	2789	2744	2698	2654	2610	2566
43	3222	3172	3122	3073	3024	2976	2928	2881	2834	2788	2743	2698	2653	2609	2565
44	3221	3171	3121	3072	3023	2975	2927	2880	2834	2788	2742	2697	2652	2608	2564
45	3220	3170	3120	3071	3022	2974	2927	2880	2833	2787	2741	2696	2652	2607	2564
46	3219	3169	3119	3070	3022	2973	2926	2879	2832	2786	2741	2695	2651	2607	2563
47	3219	3168	3119	3069	3021	2973	2925	2878	2831	2785	2740	2695	2650	2606	2562
48	3218	3168	3118	3069	3020	2972	2924	2877	2831	2785	2739	2694	2649	2605	2561
49	3217	3167	3117	3068	3019	2971	2923	2876	2830	2784	2738	2693	2649	2604	2561
50	3216	3166	3116	3067	3018	2970	2923	2876	2829	2783	2737	2692	2648	2604	2560
51	3215	3165	3115	3066	3018	2969	2922	2875	2828	2782	2737	2692	2647	2603	2559
52	3214	3164	3114	3065	3017	2969	2921	2874	2828	2782	2736	2691	2646	2602	2558
53	3214	3163	3114	3064	3016	2968	2920	2873	2827	2781	2735	2690	2646	2601	2558
54	3213	3163	3113	3064	3015	2967	2920	2873	2826	2780	2735	2689	2645	2601	2557
55	3212	3162	3112	3063	3014	2966	2919	2872	2825	2779	2734	2689	2644	2600	2556
56	3211	3161	3111	3062	3013	2965	2918	2871	2824	2778	2733	2688	2643	2599	2556
57	3210	3160	3110	3061	3013	2965	2917	2870	2824	2778	2732	2687	2643	2599	2555
58	3209	3159	3109	3060	3012	2964	2916	2869	2823	2777	2731	2686	2642	2598	2554
59	3209	3158	3109	3060	3011	2963	2916	2869	2822	2776	2731	2686	2641	2597	2553
60	3208	3158	3108	3059	3010	2962	2915	2868	2821	2775	2730	2685	2640	2596	2555

TABLE IX. Log. logistiques pour 180 minutes.

″	100'	101'	102'	103'	104'	105'	106'	107'	108'	109'	110'	111'	112'	113'	114'
0	2553	2510	2467	2424	2382	2341	2300	2259	2218	2178	2139	2099	2061	2022	1984
1	2552	2509	2466	2424	2382	2340	2299	2258	2218	2178	2138	2099	2060	2021	1983
2	2551	2508	2465	2423	2381	2339	2298	2257	2217	2177	2137	2098	2059	2021	1982
3	2551	2507	2465	2422	2380	2338	2298	2257	2216	2176	2137	2098	2059	2020	1982
4	2550	2507	2464	2421	2380	2338	2297	2256	2216	2176	2136	2097	2058	2019	1981
5	2549	2506	2463	2421	2379	2337	2296	2255	2215	2175	2135	2096	2057	2019	1980
6	2548	2505	2462	2420	2378	2337	2296	2255	2214	2174	2135	2096	2057	2018	1980
7	2548	2504	2462	2419	2378	2336	2295	2254	2214	2174	2134	2095	2056	2017	1979
8	2547	2504	2461	2419	2377	2335	2294	2253	2213	2173	2133	2094	2055	2017	1979
9	2546	2503	2460	2418	2376	2335	2294	2253	2212	2172	2133	2094	2055	2016	1978
10	2545	2502	2460	2417	2375	2334	2293	2252	2212	2172	2132	2093	2054	2016	1977
11	2545	2502	2459	2417	2375	2333	2292	2251	2211	2171	2132	2092	2053	2015	1977
12	2544	2501	2458	2416	2374	2333	2291	2251	2210	2170	2131	2092	2053	2014	1976
13	2543	2500	2457	2415	2373	2332	2291	2250	2210	2170	2130	2091	2052	2014	1975
14	2543	2499	2457	2414	2373	2331	2290	2249	2209	2169	2130	2090	2051	2013	1975
15	2542	2499	2456	2414	2372	2331	2289	2249	2208	2169	2129	2090	2051	2012	1974
16	2541	2498	2455	2413	2371	2330	2289	2248	2208	2168	2128	2089	2050	2012	1973
17	2540	2497	2455	2412	2371	2329	2288	2247	2207	2167	2128	2088	2050	2011	1973
18	2540	2497	2454	2412	2370	2328	2287	2247	2206	2167	2127	2088	2049	2010	1972
19	2539	2496	2453	2411	2369	2328	2287	2246	2206	2166	2126	2087	2048	2010	1972
20	2538	2495	2452	2410	2368	2327	2286	2245	2205	2165	2126	2086	2048	2009	1971
21	2538	2494	2452	2410	2368	2326	2285	2245	2204	2165	2125	2086	2047	2009	1970
22	2537	2494	2451	2409	2367	2326	2285	2244	2204	2164	2124	2085	2046	2008	1970
23	2536	2493	2450	2408	2366	2325	2284	2243	2203	2163	2124	2084	2046	2007	1969
24	2535	2492	2450	2408	2366	2324	2283	2243	2202	2163	2123	2084	2045	2007	1968
25	2535	2492	2449	2407	2365	2324	2283	2242	2202	2162	2122	2083	2044	2006	1968
26	2534	2491	2448	2406	2364	2323	2282	2241	2201	2161	2122	2083	2044	2005	1967
27	2533	2490	2448	2405	2364	2322	2281	2241	2200	2161	2121	2082	2043	2005	1967
28	2532	2489	2447	2405	2363	2322	2281	2240	2200	2160	2120	2081	2042	2004	1966
29	2532	2489	2446	2404	2362	2321	2280	2239	2199	2159	2120	2081	2042	2004	1965
30	2531	2488	2445	2403	2362	2320	2279	2239	2198	2159	2119	2080	2041	2003	1965
31	2530	2487	2445	2403	2361	2319	2279	2238	2198	2158	2118	2079	2041	2002	1964
32	2530	2487	2444	2402	2360	2319	2278	2237	2197	2157	2118	2079	2040	2001	1963
33	2529	2486	2443	2401	2359	2318	2277	2237	2196	2157	2117	2078	2039	2001	1963
34	2528	2485	2443	2400	2359	2317	2276	2236	2196	2156	2116	2077	2039	2000	1962
35	2527	2484	2442	2400	2358	2317	2276	2235	2195	2155	2116	2077	2038	2000	1961
36	2527	2484	2441	2399	2357	2316	2275	2235	2194	2155	2115	2076	2037	1999	1961
37	2526	2483	2440	2398	2357	2315	2274	2234	2194	2154	2114	2075	2037	1998	1960
38	2525	2482	2440	2398	2356	2315	2274	2233	2193	2153	2114	2075	2036	1998	1960
39	2525	2482	2439	2397	2355	2314	2273	2233	2192	2153	2113	2074	2035	1997	1959
40	2524	2481	2438	2396	2355	2313	2272	2232	2192	2152	2113	2073	2035	1996	1958
41	2523	2480	2438	2396	2354	2313	2272	2231	2191	2151	2112	2073	2034	1996	1958
42	2522	2480	2437	2395	2353	2312	2271	2231	2190	2151	2111	2072	2033	1995	1957
43	2522	2479	2436	2394	2353	2311	2270	2230	2190	2150	2111	2071	2033	1994	1956
44	2521	2478	2436	2394	2352	2311	2270	2229	2189	2149	2110	2071	2032	1994	1956
45	2520	2477	2435	2393	2351	2310	2269	2229	2188	2149	2109	2070	2032	1993	1955
46	2520	2477	2434	2392	2350	2309	2268	2228	2188	2148	2109	2070	2031	1993	1955
47	2519	2476	2433	2391	2350	2308	2268	2227	2187	2147	2108	2069	2030	1992	1954
48	2518	2475	2433	2391	2349	2308	2267	2227	2186	2147	2107	2068	2030	1991	1953
49	2517	2474	2432	2390	2348	2307	2266	2226	2186	2146	2107	2068	2029	1991	1953
50	2517	2474	2431	2389	2348	2306	2266	2225	2185	2145	2106	2067	2028	1990	1952
51	2516	2473	2431	2389	2347	2306	2265	2225	2184	2145	2105	2066	2028	1989	1951
52	2515	2472	2430	2388	2346	2305	2264	2224	2184	2144	2105	2066	2027	1989	1951
53	2514	2472	2429	2387	2346	2304	2264	2223	2183	2144	2104	2065	2026	1988	1950
54	2514	2471	2429	2387	2346	2304	2263	2223	2183	2143	2104	2065	2026	1988	1950
55	2513	2470	2428	2386	2345	2303	2262	2222	2182	2143	2103	2064	2025	1987	1949
56	2512	2470	2427	2385	2344	2303	2262	2222	2182	2142	2103	2064	2025	1987	1949
57	2512	2469	2426	2384	2344	2302	2261	2221	2181	2141	2102	2063	2024	1986	1948
58	2511	2468	2426	2384	2343	2302	2261	2220	2180	2141	2101	2062	2024	1986	1948
59	2510	2467	2425	2384	2342	2301	2260	2220	2180	2140	2101	2062	2023	1985	1947
60	2510	2467	2424	2382	2341	2300	2259	2218	2178	2139	2099	2061	2022	1984	1946

"	115'	116'	117'	118'	119'	120'	121'	122'	123'	124'	125'	126'	127'	128'	129'
0	1946	1908	1871	1834	1797	1761	1725	1689	1654	1619	1584	1549	1515	1481	1447
1	1945	1907	1870	1833	1797	1760	1724	1688	1653	1618	1583	1548	1514	1480	14,6
2	1944	1907	1870	1833	1796	1760	1724	1688	1652	1617	1582	1548	1514	1479	1446
3	1944	1906	1869	1832	1795	1759	1723	1687	1652	1617	1582	1547	1513	1479	1445
4	1943	1906	1868	1831	1795	1758	1722	1687	1651	1616	1581	1547	1513	1478	1445
5	1943	1905	1868	1831	1794	1758	1722	1686	1651	1616	1581	1546	1512	1478	1444
6	1942	1904	1867	1830	1794	1757	1721	1686	1650	1615	1580	1546	1511	1477	1443
7	1941	1904	1867	1830	1793	1757	1721	1685	1650	1614	1580	1545	1511	1477	1443
8	1941	1903	1866	1829	1792	1756	1720	1684	1649	1614	1579	1544	1510	1476	1442
9	1940	1903	1865	1828	1792	1755	1719	1684	1648	1613	1578	1544	1510	1476	1442
10	1939	1902	1865	1828	1791	1755	1719	1683	1648	1613	1578	1543	1509	1475	1441
11	1939	1901	1864	1827	1791	1754	1718	1683	1647	1612	1577	1543	1508	1474	1441
12	1938	1901	1863	1827	1790	1754	1718	1682	1647	1612	1577	1542	1508	1474	1440
13	1938	1900	1863	1826	1789	1753	1717	1681	1646	1611	1576	1542	1507	1473	1440
14	1937	1899	1862	1825	1789	1752	1716	1681	1645	1610	1575	1541	1507	1473	1439
15	1936	1899	1862	1825	1788	1752	1716	1680	1645	1610	1575	1540	1506	1472	1438
16	1936	1898	1861	1824	1787	1751	1715	1680	1644	1609	1574	1540	1506	1472	1438
17	1935	1898	1860	1823	1787	1751	1715	1679	1644	1609	1574	1539	1505	1471	1437
18	1934	1897	1860	1823	1786	1750	1714	1678	1643	1608	1573	1539	1504	1470	1437
19	1934	1896	1859	1822	1786	1749	1713	1678	1642	1607	1573	1538	1504	1470	1436
20	1933	1896	1858	1822	1785	1749	1713	1677	1642	1607	1572	1538	1503	1469	1436
21	1933	1895	1858	1821	1785	1748	1712	1677	1641	1606	1571	1537	1503	1469	1435
22	1932	1894	1857	1820	1784	1748	1712	1676	1641	1606	1571	1536	1502	1468	1434
23	1931	1894	1857	1820	1783	1747	1711	1675	1640	1605	1570	1536	1502	1468	1434
24	1931	1893	1856	1819	1783	1746	1711	1675	1640	1605	1570	1535	1501	1467	1433
25	1930	1893	1855	1819	1782	1746	1710	1674	1639	1604	1569	1535	1500	1466	1433
26	1929	1892	1855	1818	1781	1745	1709	1674	1638	1603	1569	1534	1500	1466	1432
27	1929	1891	1854	1817	1781	1745	1709	1673	1638	1603	1568	1534	1499	1465	1432
28	1928	1891	1854	1817	1780	1744	1708	1673	1637	1602	1567	1533	1499	1465	1431
29	1927	1890	1853	1816	1780	1743	1708	1572	1637	1602	1567	1532	1498	1464	1431
30	1927	1889	1852	1816	1779	1743	1707	1671	1636	1601	1566	1532	1498	1464	1430
31	1926	1889	1852	1815	1778	1742	1706	1671	1635	1600	1566	1531	1497	1463	1429
32	1926	1888	1851	1814	1778	1742	1706	1670	1635	1600	1565	1531	1496	1463	1429
33	1925	1888	1850	1814	1777	1741	1705	1670	1634	1599	1565	1530	1496	1462	1428
34	1924	1887	1850	1813	1777	1740	1705	1669	1634	1599	1564	1529	1495	1461	1428
35	1924	1886	1849	1812	1776	1740	1704	1668	1633	1598	1565	1529	1495	1461	1427
36	1923	1886	1849	1812	1775	1739	1703	1668	1633	1598	1563	1528	1494	1460	1427
37	1922	1885	1848	1811	1775	1739	1703	1667	1632	1597	1562	1528	1494	1460	1426
38	1922	1884	1847	1811	1774	1738	1702	1667	1631	1596	1562	1527	1493	1459	1426
39	1921	1884	1847	1810	1774	1737	1702	1666	1631	1596	1561	1527	1493	1459	1425
40	1921	1883	1846	1809	1773	1737	1701	1665	1630	1595	1560	1526	1492	1458	1424
41	1920	1883	1846	1809	1772	1736	1700	1665	1630	1595	1560	1525	1491	1457	1424
42	1919	1882	1845	1808	1772	1736	1700	1664	1629	1594	1559	1525	1491	1457	1423
43	1919	1881	1844	1808	1771	1735	1699	1664	1628	1593	1559	1524	1490	1456	1423
44	1918	1881	1844	1807	1771	1734	1699	1663	1628	1593	1558	1524	1490	1456	1422
45	1918	1880	1843	1806	1770	1734	1698	1663	1627	1592	1558	1523	1489	1455	1422
46	1917	1879	1842	1806	1769	1733	1697	1662	1627	1592	1557	1523	1489	1455	1421
47	1916	1879	1842	1805	1769	1733	1697	1661	1626	1591	1556	1522	1488	1454	1420
48	1916	1878	1841	1805	1768	1732	1696	1661	1626	1591	1556	1522	1487	1454	1420
49	1915	1878	1841	1804	1768	1731	1696	1660	1625	1590	1555	1521	1487	1453	1419
50	1914	1877	1840	1803	1767	1731	1695	1660	1624	1589	1555	1520	1486	1452	1419
51	1914	1876	1839	1803	1766	1730	1694	1659	1624	1589	1554	1520	1486	1452	1418
52	1913	1876	1839	1802	1766	1730	1694	1658	1623	1588	1554	1519	1485	1451	1418
53	1912	1875	1838	1801	1765	1729	1693	1658	1623	1588	1553	1518	1485	1451	1417
54	1912	1875	1838	1801	1765	1728	1693	1657	1622	1587	1552	1518	1484	1450	1417
55	1911	1874	1837	1800	1764	1728	1692	1657	1621	1586	1552	1518	1483	1450	1416
56	1911	1873	1836	1800	1763	1727	1691	1656	1621	1586	1551	1517	1483	1449	1415
57	1910	1873	1836	1799	1763	1727	1691	1655	1620	1585	1551	1516	1482	1449	1415
58	1909	1872	1835	1798	1762	1726	1690	1655	1620	1585	1550	1516	1482	1448	1414
59	1909	1871	1834	1798	1761	1725	1690	1654	1619	1584	1550	1515	1481	1447	1414
60	1908	1871	1834	1797	1761	1725	1689	1654	1619	1584	1549	1515	1481	1447	1413

TABLE IX. Log. logistiques pour 180 minutes.

	130'	131'	132'	133'	134'	135'	136'	137'	138'	139'	140'	141'	142'	143'	144'
0	1413	1380	1347	1314	1282	1249	1217	1186	1154	1123	1091	1061	1030	999	969
1	1413	1379	1346	1314	1281	1249	1217	1185	1153	1122	1091	1060	1029	999	969
2	1412	1379	1346	1313	1281	1248	1216	1184	1153	1121	1090	1059	1029	998	968
3	1412	1378	1345	1313	1280	1248	1216	1184	1152	1121	1090	1059	1028	998	968
4	1411	1378	1345	1312	1279	1247	1215	1183	1152	1120	1089	1058	1028	997	967
5	1410	1377	1344	1311	1279	1247	1215	1183	1151	1120	1089	1058	1027	997	967
6	1410	1377	1344	1311	1278	1246	1214	1182	1151	1119	1088	1057	1027	996	966
7	1409	1376	1343	1310	1278	1246	1214	1182	1150	1119	1088	1057	1026	996	966
8	1409	1376	1343	1310	1277	1245	1213	1181	1150	1118	1087	1056	1025	995	965
9	1408	1375	1342	1309	1277	1245	1213	1181	1149	1118	1087	1056	1025	995	965
10	1408	1374	1341	1309	1276	1244	1212	1180	1149	1117	1086	1055	1025	994	964
11	1407	1374	1341	1308	1276	1243	1211	1180	1148	1117	1086	1055	1024	994	964
12	1407	1373	1340	1308	1275	1243	1211	1179	1148	1116	1085	1054	1024	993	963
13	1406	1373	1340	1307	1275	1242	1210	1179	1147	1116	1085	1054	1023	993	963
14	1405	1372	1339	1307	1274	1242	1210	1178	1147	1115	1084	1053	1023	992	962
15	1405	1372	1339	1306	1274	1241	1209	1178	1146	1115	1084	1053	1022	992	962
16	1404	1371	1338	1305	1273	1241	1209	1177	1146	1114	1083	1052	1022	991	961
17	1404	1371	1338	1305	1272	1240	1208	1177	1145	1114	1083	1052	1021	991	961
18	1403	1370	1337	1304	1272	1240	1208	1176	1145	1113	1082	1051	1021	990	960
19	1403	1369	1337	1304	1271	1239	1207	1175	1144	1113	1082	1051	1020	990	960
20	1402	1369	1336	1303	1271	1239	1207	1175	1143	1112	1081	1050	1020	989	959
21	1402	1368	1335	1303	1270	1238	1206	1174	1143	1112	1081	1050	1019	989	959
22	1401	1368	1335	1302	1270	1238	1206	1174	1142	1111	1080	1049	1019	988	958
23	1400	1367	1334	1302	1269	1237	1205	1173	1142	1111	1080	1049	1018	988	958
24	1400	1367	1334	1301	1269	1237	1205	1173	1141	1110	1079	1048	1018	987	957
25	1399	1366	1333	1301	1268	1236	1204	1172	1141	1110	1079	1048	1017	987	957
26	1399	1366	1333	1300	1268	1235	1203	1172	1140	1109	1078	1047	1017	986	956
27	1398	1365	1332	1300	1267	1235	1203	1171	1140	1109	1078	1047	1016	986	956
28	1398	1365	1332	1299	1267	1234	1202	1171	1139	1108	1077	1046	1016	985	955
29	1397	1364	1331	1298	1266	1234	1202	1170	1139	1107	1076	1046	1015	985	955
30	1397	1363	1331	1298	1266	1233	1201	1170	1138	1107	1076	1045	1015	984	954
31	1396	1363	1330	1297	1265	1233	1201	1169	1138	1106	1075	1045	1014	984	954
32	1395	1362	1329	1297	1264	1232	1200	1169	1137	1106	1075	1044	1014	983	953
33	1395	1362	1329	1296	1264	1232	1200	1168	1137	1105	1074	1044	1013	983	953
34	1394	1361	1328	1296	1263	1231	1199	1168	1136	1105	1074	1043	1013	982	952
35	1394	1361	1328	1295	1263	1231	1199	1167	1136	1104	1073	1043	1012	982	952
36	1393	1360	1327	1295	1262	1230	1198	1167	1135	1104	1073	1042	1012	981	951
37	1393	1360	1327	1294	1262	1230	1198	1166	1135	1103	1072	1042	1011	981	951
38	1392	1359	1326	1294	1261	1229	1197	1165	1134	1103	1072	1041	1010	980	950
39	1392	1359	1326	1293	1261	1229	1197	1165	1134	1102	1071	1041	1010	980	950
40	1391	1358	1325	1292	1260	1228	1196	1164	1133	1102	1071	1040	1009	979	949
41	1390	1357	1325	1292	1260	1227	1196	1164	1132	1101	1070	1039	1009	979	949
42	1390	1357	1324	1291	1259	1227	1195	1163	1132	1101	1070	1039	1008	978	948
43	1389	1356	1323	1291	1258	1226	1194	1163	1131	1100	1069	1038	1008	978	948
44	1389	1356	1323	1290	1258	1226	1194	1162	1131	1100	1069	1038	1007	977	947
45	1388	1355	1322	1290	1257	1225	1193	1162	1130	1099	1068	1037	1007	977	947
46	1388	1355	1322	1289	1257	1225	1193	1161	1130	1099	1068	1037	1006	976	946
47	1387	1354	1321	1289	1256	1224	1192	1161	1129	1098	1067	1036	1006	976	946
48	1387	1354	1321	1288	1256	1224	1192	1160	1129	1098	1067	1076	1005	975	945
49	1386	1353	1320	1288	1255	1223	1191	1160	1128	1097	1066	1035	1005	975	945
50	1386	1352	1320	1287	1255	1223	1191	1159	1128	1097	1066	1035	1004	974	944
51	1385	1352	1319	1287	1254	1222	1190	1159	1127	1096	1065	1034	1004	974	944
52	1384	1351	1319	1286	1254	1222	1190	1158	1127	1096	1065	1034	1003	973	943
53	1384	1351	1318	1285	1253	1221	1189	1158	1126	1095	1064	1033	1003	973	943
54	1383	1350	1317	1285	1253	1221	1189	1157	1126	1095	1064	1033	1002	972	942
55	1383	1350	1317	1284	1252	1220	1188	1157	1125	1094	1063	1032	1002	972	942
56	1382	1349	1316	1284	1251	1219	1188	1156	1125	1093	1063	1032	1001	971	941
57	1392	1349	1316	1283	1251	1219	1187	1156	1124	1093	1062	1031	1001	971	941
58	1381	1348	1315	1283	1250	1218	1187	1155	1124	1092	1062	1031	1000	970	940
59	1381	1347	1315	1282	1250	1218	1186	1154	1123	1092	1061	1030	1000	970	940
60	1380	1347	1314	1282	1249	1217	1186	1154	1123	1091	1061	1030	999	969	939

TABLE IX. Log. logistiques pour 180 minutes.

″	145′	146′	147′	148′	149′	150′	151′	152′	153′	154′	155′	156′	157′	158′	159′	160′	161′
0	939	909	880	850	821	792	763	734	706	678	649	621	594	566	539	512	484
1	939	909	879	850	820	791	762	734	705	677	649	621	595	565	538	511	484
2	938	908	879	849	820	791	762	733	705	677	648	621	592	565	538	511	484
3	938	908	878	849	819	790	762	733	704	676	648	620	592	565	537	510	483
4	937	907	878	848	819	790	761	732	704	676	648	620	592	564	537	510	483
5	937	907	877	848	818	789	761	732	703	675	647	619	591	564	536	509	482
6	936	906	877	847	818	789	760	731	703	675	647	619	591	563	536	509	482
7	936	906	876	847	817	788	760	731	702	674	646	618	590	563	536	508	481
8	935	905	876	846	817	788	759	730	702	674	646	618	590	562	535	508	481
9	935	905	875	846	816	787	759	730	702	673	645	617	590	562	535	507	480
10	934	904	875	845	816	787	758	729	701	673	645	617	589	562	534	507	480
11	934	904	874	845	815	787	758	729	701	672	644	616	589	561	534	507	479
12	933	903	874	844	815	786	757	729	700	672	644	616	588	561	533	506	479
13	933	903	873	844	814	786	757	728	700	671	643	615	588	560	533	506	479
14	932	902	873	843	814	785	756	728	699	671	643	615	587	560	532	505	478
15	932	902	872	843	814	785	756	727	699	670	642	615	587	559	532	505	478
16	931	901	872	842	15	784	755	727	698	670	642	614	586	559	531	504	477
17	931	901	871	842	815	784	755	726	698	669	641	614	586	558	531	504	477
18	930	900	871	841	812	783	754	726	697	669	641	613	585	558	531	503	476
19	930	900	870	841	812	783	754	725	697	669	641	613	585	557	530	503	476
20	929	899	870	840	811	782	753	725	696	668	640	612	584	557	530	502	475
21	929	899	869	840	811	782	753	724	696	668	640	612	584	557	529	502	475
22	928	898	869	839	810	781	752	724	695	667	639	611	584	556	529	502	475
23	928	898	868	839	810	781	752	723	695	667	639	611	583	556	528	501	474
24	927	897	868	838	809	780	751	723	694	666	638	610	583	555	528	501	474
25	927	897	867	838	809	780	751	722	694	666	638	610	582	555	527	500	473
26	926	896	867	837	808	779	750	722	693	665	637	609	582	554	527	500	473
27	926	896	866	837	808	779	750	722	693	665	637	609	582	554	526	499	472
28	925	895	866	836	807	778	750	721	693	665	637	608	581	553	526	499	472
29	925	895	865	836	807	778	749	721	693	664	636	608	581	553	526	498	471
30	924	894	865	835	806	777	749	720	692	663	635	608	580	552	525	498	471
31	924	894	864	835	806	777	748	720	691	663	635	607	579	552	525	497	471
32	923	893	864	834	805	776	748	719	691	662	634	607	579	551	524	497	470
33	923	893	863	834	805	776	747	719	690	662	634	606	579	551	524	497	470
34	922	892	863	833	804	775	747	718	690	662	634	606	578	551	523	496	469
35	922	892	862	833	804	775	746	718	689	661	633	605	578	550	523	496	469
36	921	891	862	833	803	774	746	717	689	661	633	605	577	550	522	495	468
37	921	891	861	832	803	774	745	717	688	660	632	604	577	549	522	495	468
38	920	890	861	832	802	773	745	716	688	660	632	604	576	549	521	494	467
39	920	890	860	831	802	773	745	716	687	659	631	603	576	548	521	494	467
40	919	889	860	831	801	773	744	715	687	659	631	603	575	548	521	493	466
41	919	889	859	830	801	772	743	715	686	658	630	602	575	547	520	493	466
42	918	888	859	830	801	772	743	714	686	658	630	602	574	547	520	493	466
43	918	888	858	829	800	771	742	714	685	657	629	602	574	546	519	492	465
44	917	887	858	829	800	771	742	713	685	657	629	601	573	546	519	493	465
45	917	887	857	828	799	770	741	713	685	656	628	601	573	546	518	491	464
46	916	886	857	828	799	770	741	712	684	656	628	600	573	545	518	491	464
47	916	886	856	827	798	769	740	712	684	655	627	600	572	545	517	490	463
48	915	885	856	827	798	769	740	711	683	655	627	599	572	544	517	490	463
49	915	885	855	826	797	768	739	711	683	655	627	599	571	544	516	489	462
50	914	884	855	826	797	768	739	711	682	654	626	598	571	543	516	489	462
51	914	884	855	825	796	767	739	710	682	654	626	598	570	543	516	489	462
52	913	883	854	825	796	767	738	710	681	653	625	597	570	542	515	488	461
53	913	883	854	824	795	766	738	709	681	653	625	597	569	542	515	488	461
54	912	883	853	824	795	766	737	709	680	652	624	596	569	541	514	487	460
55	912	882	853	823	794	765	737	708	680	652	624	596	568	541	514	487	460
56	911	882	852	823	794	765	736	708	679	651	623	596	568	541	513	486	459
57	911	881	852	822	793	764	736	707	679	651	623	595	568	540	513	486	459
58	910	881	851	822	793	764	735	707	678	650	622	595	567	540	512	485	458
59	910	880	851	821	792	763	735	706	678	650	622	594	567	539	512	485	458
60	909	880	850	821	792	763	734	706	678	649	621	594	566	539	512	484	458

TABLE IX. Log. logistiques pour 180 minutes.

''	162'	163'	164'	165	166'	167'	168'	169'	170'	171''	172'	173'	174'	175''	176'	177'	178'	179'
0	458	431	404	378	352	326	300	274	248	225	197	172	147	122	98	73	49	24
1	457	430	404	377	351	325	299	273	248	222	197	172	147	122	97	73	48	24
2	457	430	403	377	351	325	299	273	247	222	197	171	146	121	97	72	48	23
3	456	430	403	377	350	324	298	273	247	221	196	171	146	121	96	72	47	23
4	456	429	402	376	350	324	298	272	246	221	196	171	146	121	96	71	47	23
5	455	429	402	376	349	323	297	272	246	221	195	170	145	120	96	71	46	22
6	455	428	402	375	349	323	297	271	246	220	195	170	145	120	95	71	46	22
7	454	428	401	375	349	322	297	271	245	220	194	169	144	119	95	70	46	21
8	454	427	401	374	348	322	296	270	245	219	194	169	144	119	94	70	45	21
9	454	427	400	374	348	322	296	270	244	219	194	169	143	119	94	69	45	21
10	453	426	400	373	347	321	295	270	244	218	193	168	143	118	93	69	44	20
11	453	426	399	373	347	321	295	269	244	218	193	168	143	118	93	68	44	20
12	452	426	399	373	346	320	294	269	243	218	192	167	142	117	93	68	44	19
13	452	425	399	372	346	320	294	268	243	217	192	167	142	117	92	68	43	19
14	451	425	398	372	346	319	294	268	242	217	192	166	141	117	92	67	43	18
15	451	424	398	371	345	319	293	267	242	216	191	166	141	116	91	67	42	18
16	450	424	397	371	345	319	293	267	241	216	191	166	141	116	91	66	42	18
17	450	423	397	370	344	318	292	267	241	216	190	165	140	115	91	66	42	17
18	450	423	396	370	344	318	292	266	241	215	190	165	140	115	90	66	41	17
19	449	422	396	370	343	317	291	266	240	215	189	164	139	114	90	65	41	16
20	449	422	395	369	343	317	291	265	240	214	189	164	139	114	89	65	40	16
21	448	422	395	369	342	316	291	265	239	214	189	163	139	114	89	64	40	16
22	448	421	395	368	342	316	290	264	239	213	188	163	138	113	89	64	40	15
23	447	421	394	368	342	316	290	264	238	213	188	163	138	113	88	64	39	15
24	447	420	394	367	341	315	289	264	238	213	187	162	137	112	88	63	39	15
25	446	420	393	367	341	315	289	263	238	212	187	162	137	112	87	63	38	14
26	446	419	393	366	340	314	288	263	237	212	186	161	136	112	87	62	38	14
27	446	419	392	366	340	314	288	262	237	211	186	161	136	111	87	62	38	13
28	445	418	392	366	339	313	288	262	236	211	186	161	136	111	86	62	37	13
29	445	418	391	365	339	313	287	261	236	210	185	160	135	110	86	61	37	12
30	444	418	391	365	339	313	287	261	235	210	185	160	135	110	85	61	36	12
31	444	417	391	364	338	312	286	261	235	210	184	159	134	110	85	60	36	12
32	443	417	390	364	338	312	286	260	235	209	184	159	134	109	84	60	35	11
33	443	416	390	363	337	311	285	260	234	209	184	158	134	109	84	60	35	11
34	442	416	389	363	337	311	285	259	234	208	183	158	133	108	84	59	35	10
35	442	415	389	363	336	310	285	259	233	208	183	158	133	108	83	59	34	10
36	442	415	388	362	336	310	284	258	233	208	182	157	132	107	83	58	34	10
37	441	414	388	362	336	310	284	258	232	207	182	157	132	107	82	58	33	9
38	441	414	388	361	335	309	283	258	232	207	181	156	131	107	82	57	33	9
39	440	414	387	361	335	309	283	257	232	206	181	156	131	106	82	57	33	8
40	440	413	387	360	334	308	282	257	231	206	181	156	131	106	81	57	32	8
41	439	413	386	360	334	308	282	256	231	205	180	155	130	105	81	56	32	8
42	439	412	386	359	333	307	282	256	230	205	180	155	130	105	80	56	31	7
43	438	412	385	359	333	307	281	255	230	205	179	154	129	105	80	55	31	7
44	438	411	385	359	332	306	281	255	230	204	179	154	129	104	80	55	31	6
45	438	411	384	358	332	306	280	255	229	204	179	153	129	104	79	55	30	6
46	437	410	384	358	332	306	280	254	229	203	178	153	128	103	79	54	30	6
47	437	410	384	357	331	305	279	254	228	203	178	153	128	103	78	54	29	5
48	436	410	383	357	331	305	279	253	228	202	177	152	127	103	78	53	29	5
49	436	409	383	356	330	304	279	253	227	202	177	152	127	102	77	53	29	4
50	435	409	382	356	330	304	278	252	227	202	176	151	126	102	77	53	28	4
51	435	408	382	356	329	304	278	252	227	201	176	151	126	101	77	52	28	4
52	434	408	381	355	329	303	277	252	226	201	176	151	126	101	76	52	27	3
53	434	407	381	355	329	303	277	251	226	200	175	150	125	100	76	51	27	3
54	434	407	381	354	328	302	276	251	225	200	175	150	125	100	75	51	27	2
55	433	406	380	354	328	302	276	250	225	200	174	149	124	100	75	51	26	2
56	433	406	380	353	327	301	276	250	224	199	174	149	124	99	75	50	26	2
57	432	406	379	353	327	301	275	250	224	199	174	148	124	99	74	50	25	1
58	432	405	379	352	326	300	275	249	224	198	173	148	123	98	74	49	25	1
59	431	405	378	352	326	300	274	249	223	198	173	148	123	98	73	49	25	0
60	431	404	378	352	326	300	274	248	223	197	172	147	122	98	73	49	24	0

TABLE X. De la différence entre la hauteur méridienne 25 d'un astre et sa hauteur observée une minute avant ou après son passage au méridien.

Latitude.	Distance de l'astre au pôle élevé sur l'horizon.														
	66°	68°	70°	72°	74°	76°	78°	80°	82°	84°	86°	88°	90°	92°	94°
°	"	"	"	"	"	"	"	"	"	"	"	"	"	"	"
0	4,4	4,9	5,4	6,0	6,9	7,9	9,2	11,1	14,0	18,7	28,1	56,2	*	36,2	28,1
2	4,8	5,3	5,9	6,8	7,8	9,2	11,1	13,9	18,6	28,0	56,1	*	56,2	28,2	18,7
4	5,2	5,9	6,7	7,7	9,1	11,0	13,8	18,5	27,8	55,8	*	56,1	28,1	18,7	14,0
6	5,8	6,6	7,6	8,9	10,8	13,6	18,3	27,5	55,4	*	55,8	28,0	18,7	14,0	11,2
8	6,4	7,5	8,8	10,7	13,4	18,1	27,5	54,9	*	55,4	27,8	18,6	14,0	11,2	9,3
10	7,5	8,6	10,5	13,2	17,8	26,9	54,2	*	54,9	27,6	18,5	12,9	11,1	9,3	8,0
12	8,4	10,3	13,0	17,5	26,5	53,4	*	54,2	27,3	18,3	13,8	11,1	9,2	7,9	7,0
14	9,8	12,7	17,1	26,0	52,5	*	53,4	26,9	18,1	13,6	11,0	9,2	7,9	6,9	6,1
16	12,4	16,7	25,4	51,4	*	52,5	26,5	17,8	13,4	10,8	9,1	7,8	6,9	6,1	5,5
18	16,4	24,8	50,3	*	51,4	26,0	17,5	13,2	10,7	8,9	7,7	6,8	6,0	5,5	4,9
20	24,2	49,0	*	50,3	25,4	17,1	13,0	10,5	8,8	7,6	6,7	6,0	5,4	4,9	4,5
22	47,7	*	49,0	24,8	16,8	12,6	10,3	8,6	7,5	6,6	5,9	5,3	4,9	4,5	4,2
24	*	47,7	24,2	16,3	12,4	10,0	8,4	7,5	6,4	5,8	5,2	4,8	4,4	4,1	3,8
26	46,2	25,5	15,9	12,1	9,8	8,2	7,1	6,3	5,7	5,2	4,7	4,3	4,0	3,8	3,5
28	22,7	15,4	11,7	9,5	8,0	6,9	6,2	5,5	5,0	4,6	4,3	4,0	3,7	3,5	3,3
30	14,9	11,5	9,2	7,8	6,8	6,0	5,3	4,9	4,5	4,2	3,9	3,6	3,4	3,2	3,0
32	10,9	8,9	7,5	6,6	5,8	5,2	4,8	4,4	4,1	3,8	3,5	3,3	3,1	3,0	2,8
34	8,5	7,3	6,3	5,6	5,1	4,6	4,3	4,0	3,7	3,5	3,3	3,1	2,9	2,8	2,6
36	7,0	6,1	5,4	4,9	4,5	4,1	3,8	3,6	3,4	3,2	3,0	2,8	2,7	2,6	2,5
38	6,0	5,2	4,7	4,3	4,0	3,6	3,4	3,2	3,0	2,9	2,8	2,6	2,5	2,4	2,3
40	5,0	4,5	4,1	3,8	3,6	3,1	3,1	3,0	2,8	2,7	2,6	2,4	2,3	2,2	2,2
42	4,3	4,0	3,6	3,5	3,1	3,0	2,9	2,7	2,6	2,5	2,4	2,3	2,2	2,1	2,0
44	3,8	3,5	3,3	3,1	2,9	2,7	2,6	2,5	2,4	2,3	2,2	2,1	2,0	1,9	1,9
46	3,3	3,1	3,0	2,8	2,6	2,5	2,4	2,3	2,2	2,1	2,0	2,0	1,9	1,8	1,8
48	3,0	2,8	2,6	2,5	2,4	2,3	2,2	2,1	2,0	2,0	1,9	1,8	1,8	1,7	1,7
50	2,6	2,5	2,4	2,3	2,2	2,1	2,0	1,9	1,9	1,8	1,8	1,7	1,7	1,6	1,6
52	2,4	2,2	2,1	2,1	2,0	1,9	1,8	1,8	1,7	1,7	1,6	1,6	1,5	1,5	1,5
54	2,1	2,0	2,0	1,9	1,8	1,8	1,7	1,6	1,6	1,6	1,5	1,5	1,4	1,4	1,4
56	1,9	1,8	1,8	1,7	1,6	1,6	1,6	1,5	1,5	1,4	1,4	1,4	1,3	1,3	1,3
58	1,7	1,7	1,6	1,6	1,5	1,5	1,4	1,4	1,4	1,3	1,3	1,3	1,2	1,2	1,2
60	1,5	1,5	1,4	1,4	1,4	1,3	1,3	1,3	1,2	1,2	1,2	1,2	1,1	1,1	1,1
62	1,4	1,3	1,3	1,3	1,2	1,2	1,2	1,2	1,1	1,1	1,1	1,1	1,0	1,0	1,0
64	1,2	1,2	1,2	1,1	1,1	1,1	1,1	1,1	1,0	1,0	1,0	1,0	1,0	0,9	0,9
66	1,1	1,1	1,0	1,0	1,0	1,0	1,0	1,0	0,9	0,9	0,9	0,9	0,9	0,9	0,9
68	1,0	1,0	0,9	0,9	0,9	0,9	0,9	0,9	0,8	0,8	0,8	0,8	0,8	0,8	0,8
70	0,9	0,9	0,8	0,8	0,8	0,8	0,8	0,8	0,8	0,7	0,7	0,7	0,7	0,7	0,7
72	0,8	0,7	0,7	0,7	0,7	0,7	0,7	0,7	0,7	0,7	0,7	0,7	0,6	0,6	0,6
74	0,7	0,7	0,6	0,6	0,6	0,6	0,6	0,6	0,6	0,6	0,6	0,6	0,6	0,6	0,6
76	0,6	0,6	0,6	0,5	0,5	0,5	0,5	0,5	0,5	0,5	0,5	0,5	0,5	0,5	0,5
78	0,5	0,5	0,5	0,5	0,5	0,5	0,4	0,4	0,4	0,4	0,4	0,4	0,4	0,4	0,4
80	0,4	0,4	0,4	0,4	0,4	0,4	0,4	0,4	0,4	0,4	0,4	0,4	0,4	0,3	0,3

Suite de la TABLE X.

Distance de l'astre au pôle élevé sur l'horizon.

Latitude.	96°	98°	100°	102°	104°	106°	108°	110°	112°	114°
°	"	"	"	"	"	"	"	"	"	"
0	18,7	14,1	11,1	9,2	7,9	6,9	6,0	5,4	4,9	4,4
2	14,0	11,2	9,3	7,9	7,0	6,2	5,5	5,0	4,6	4,1
4	11,2	9,3	8,0	7,0	6,2	5,5	5,0	4,5	4,1	3,8
6	9,5	8,0	6,9	6,1	5,5	4,9	4,5	4,2	3,9	3,6
8	8,0	7,0	6,2	5,6	5,0	4,6	4,2	3,9	3,6	3,4
10	7,0	6,2	5,6	5,0	4,6	4,2	3,9	3,6	3,4	3,2
12	6,2	5,6	5,1	4,6	4,3	3,9	3,7	3,4	3,2	3,0
14	5,5	5,1	4,6	4,2	3,9	3,7	3,4	3,2	3,0	2,8
16	5,0	4,6	4,2	3,9	3,7	3,4	3,2	3,0	2,9	2,7
18	4,6	4,2	3,9	3,6	3,4	3,2	3,0	2,9	2,7	2,6
20	4,2	3,9	3,6	3,4	3,2	3,0	2,9	2,7	2,6	2,4
22	3,9	3,6	3,4	3,2	3,0	2,9	2,7	2,6	2,4	2,3
24	3,6	3,4	3,2	3,0	2,8	2,7	2,6	2,4	2,4	2,2
26	3,3	3,2	3,0	2,8	2,7	2,5	2,4	2,3	2,2	2,1
28	3,1	2,9	2,8	2,6	2,5	2,4	2,3	2,2	2,1	2,0
30	2,9	2,7	2,6	2,5	2,4	2,3	2,2	2,1	2,0	2,0
32	2,7	2,6	2,5	2,4	2,3	2,2	2,1	2,0	1,9	1,8
34	2,5	2,4	2,3	2,2	2,1	2,0	2,0	1,9	1,8	1,8
36	2,4	2,3	2,2	2,1	2,0	1,9	1,9	1,8	1,7	1,7
38	2,2	2,1	2,1	2,0	1,9	1,8	1,8	1,7	1,7	1,6
40	2,1	2,0	2,0	1,9	1,8	1,8	1,7	1,6	1,6	1,5
42	2,0	1,9	1,8	1,8	1,7	1,7	1,6	1,6	1,5	1,5
44	1,8	1,8	1,7	1,7	1,6	1,6	1,5	1,5	1,4	1,4
46	1,7	1,7	1,6	1,6	1,5	1,5	1,4	1,4	1,4	1,3
48	1,6	1,6	1,5	1,3	1,4	1,4	1,4	1,3	1,3	1,3
50	1,5	1,5	1,4	1,4	1,4	1,3	1,3	1,3	1,2	1,2
52	1,4	1,4	1,4	1,3	1,3	1,3	1,2	1,2	1,2	1,1
54	1,3	1,3	1,3	1,2	1,2	1,2	1,2	1,1	1,1	1,1
56	1,2	1,2	1,2	1,2	1,1	1,1	1,1	1,1	1,0	1,0
58	1,2	1,1	1,1	1,1	1,1	1,0	1,0	1,0	1,0	1,0
60	1,1	1,1	1,0	1,0	1,0	1,0	1,0	0,9	0,9	0,9
62	1,0	1,0	1,0	0,9	0,9	0,9	0,9	0,9	0,9	0,9
64	0,9	0,9	0,9	0,9	0,8	0,8	0,8	0,8	0,8	0,8
66	0,8	0,8	0,8	0,8	0,8	0,8	0,8	0,8	0,7	
68	0,8	0,7	0,7	0,7	0,7	0,7	0,7	0,7		
70	0,7	0,7	0,7	0,7	0,7	0,7	0,6			
72	0,6	0,6	0,6	0,6	0,6	0,6				
74	0,5	0,5	0,5	0,5	0,5					
76	0,5	0,5	0,5	0,5						
78	0,4	0,4	0,4							
80	0,3	0,3								

TABLE XI.

Intervalles entre l'heure des observat. et midi.		Nombres par lesquels il faut mult. ceux de la table X.
′	″	
0	10	0,0
	20	0,1
	30	0,3
	40	0,4
	50	0,7
1	0	1,0
	10	1,2
	20	1,8
	30	2,3
	40	2,8
	50	3,4
2	0	4,0
	10	4,7
	20	5,4
	30	6,3
	40	7,1
	50	8,0
3	0	9,0
	10	10,0
	20	11,1
	30	12,3
	40	13,4
	50	14,7
4	0	16,0
	10	17,4
	20	18,8
	30	20,3
	40	21,8
	50	23,4
5	0	25,0
	10	26,7
	20	28,4
	30	30,3
	40	32,1
	50	34,0
6	0	36,0
	10	38,0
	20	40,1
	30	42,3
	40	44,4
	50	46,7
7	0	49,0

Distance polaire du Soleil.

Latitude.	66°		68°		70°		72°		74°		76°		78°		80°		82°		84°		86°		88°		90°	
°	°	'	°	'	°	'	°	'	°	'	°	'	°	'	°	'	°	'	°	'	°	'	°	'	°	'
0	0	0	0	0	0	0	0	0	0	0	0	0	0	0	0	0	0	0	0	0	0	0	0	0	0	0
2	4	55	5	21	5	52	6	29	7	17	8	18	9	40	11	56	14	31	19	30	30	1	90	0	0	0
4	9	53	10	43	9	20	13	3	14	40	16	45	19	56	23	41	30	5	41	52	90	0	30	1	0	0
6	14	53	16	12	17	48	19	46	22	17	25	36	30	11	40	9	48	40	90	0	41	52	19	30	0	0
8	20	1	21	48	24	1	26	46	30	20	35	7	42	1	53	16	90	0	48	41	30	5	14	51	0	0
10	25	16	27	37	30	30	34	11	39	3	45	52	56	58	90	0	53	17	37	0	23	41	11	55	0	0
12	30	44	33	42	37	26	42	17	48	58	59	15	90	0	56	39	42	2	30	11	19	36	9	40	0	0
14	36	50	40	13	45	1	51	31	61	22	90	0	59	15	45	53	35	7	25	36	16	45	8	18	0	0
16	42	39	47	22	50	12	65	6	90	0	61	23	48	59	39	4	30	20	22	17	14	40	7	16	0	0
18	49	26	55	34	64	57	90	0	65	8	51	52	42	17	54	11	26	46	19	46	13	5	6	29	0	0
20	57	15	65	54	90	0	64	40	53	43	45	2	37	27	30	31	24	1	17	48	11	46	5	51	0	0
22	67	5	90	0	65	56	55	35	47	22	40	14	33	43	27	57	21	49	16	12	10	44	5	21	0	0
24	90	0	67	6	57	15	49	27	42	40	36	30	30	45	25	17	20	1	14	53	9	53	4	55	0	0
26	68	7	58	44	51	18	44	50	38	58	33	30	28	19	23	21	18	31	13	48	9	9	4	34	0	0
28	60	3	52	57	46	47	41	10	35	57	31	1	26	17	21	43	17	15	12	52	8	53	4	16	0	0
30	54	26	48	32	43	10	38	11	33	57	28	56	24	34	20	19	16	10	12	4	8	1	4	0	0	0
32	50	8	45	0	40	12	35	41	31	20	27	10	23	6	19	8	15	14	11	23	7	34	3	52	0	0
34	46	40	42	4	37	43	33	35	29	32	25	38	21	50	18	8	14	25	10	46	7	10	3	35	0	0
36	43	48	39	36	35	35	31	43	27	58	24	18	20	43	17	11	13	42	10	15	6	49	3	24	0	0
38	41	22	37	29	33	45	30	8	26	56	23	9	19	44	16	23	13	4	9	47	6	31	3	15	0	0
40	39	15	35	59	32	9	28	44	25	24	22	7	18	52	15	40	12	30	9	21	6	14	3	7	0	0
42	37	26	34	3	30	45	27	50	24	20	21	12	18	6	15	3	11	59	8	59	5	59	2	59	0	0
44	35	50	32	38	29	30	26	25	23	23	20	23	17	25	14	29	11	35	8	39	5	46	2	53	0	0
46	34	26	31	23	28	24	25	27	22	52	19	39	16	48	13	58	11	10	8	21	5	34	2	47	0	0
48	33	11	30	16	27	27	24	54	21	46	19	0	16	15	13	31	10	48	8	5	5	23	2	41	0	0
50	32	4	29	17	26	32	23	48	21	5	18	25	15	45	13	6	10	28	7	50	5	13	2	36	0	0
52	31	5	28	23	25	44	23	6	20	29	17	53	15	18	12	44	10	11	7	37	5	5	2	32	0	0
54	30	11	27	35	25	1	22	28	19	55	17	24	14	53	12	24	9	54	7	25	4	57	2	28	0	0
56	29	23	26	52	24	22	21	53	19	25	16	58	14	52	12	6	9	40	7	14	4	50	2	25	0	0
58	28	40	26	13	23	47	21	23	18	58	16	35	14	12	11	49	9	27	7	4	4	43	2	22	0	0
60	28	1	25	38	23	16	20	54	18	33	16	13	13	54	11	34	9	15	6	56	4	37	2	19	0	0
62	27	26	25	7	22	48	20	30	18	12	15	54	13	37	11	21	9	4	6	48	4	31	2	16	0	0
64	26	54	24	58	22	22	20	7	17	55	15	37	13	23	11	9	8	53	6	41	4	27	2	14	0	0
66	26	26	24	13	22	0	19	46	17	34	15	22	13	10	10	58	8	44	6	34	4	22	2	12	0	0
68	26	1	23	50	21	39	19	28	17	18	15	8	12	58	10	48	8	37	6	28	4	19	2	9	0	0
70	25	39	23	30	21	21	19	12	17	3	14	55	12	47	10	39	8	31	6	23	4	13	2	8	0	0
72	25	19	23	12	21	5	18	54	16	51	14	44	12	38	10	31	8	25	6	19	4	12	2	6	0	0
74	25	2	22	56	20	51	18	45	16	40	14	35	12	30	10	25	8	20	6	15	4	9	2	5	0	0
76	24	47	22	43	20	39	18	34	16	30	14	27	12	23	10	19	8	15	6	11	4	7	2	4	0	0
78	24	34	22	31	20	29	18	25	16	22	14	19	12	16	10	14	8	11	6	8	4	5	2	3	0	0
80	24	24	22	22	20	20	18	17	16	15	14	14	12	11	10	10	8	8	6	5	4	4	2	2	0	0

4 ij

TABLE XIII. Des amplitudes du Soleil.

Latitude.

Déclinaison.	0°	Dif	4°	Dif	8°	Dif	12°	Dif	16°	Dif	20°	Dif	22°	Dif	24°	Dif
0 0	0 0	30	0 0	30	0 0	30	0 0	30	0 0	31	0 0	32	0 0	32	0 0	33
0 30	0 30	30	0 30	30	0 30	30	0 30	30	0 31	31	0 32	32	0 32	32	0 33	33
1 0	1 0	30	1 0	30	1 0	30	1 1	30	1 2	31	1 4	32	1 5	32	1 6	33
1 30	1 30	30	1 30	30	1 31	30	1 32	31	1 33	31	1 36	32	1 37	32	1 39	33
2 0	2 0	30	2 0	30	2 1	30	2 3	31	2 5	31	2 8	32	2 10	32	2 12	32
2 30	2 30	30	2 30	30	2 31	30	2 33	31	2 36	31	2 40	32	2 42	32	2 44	33
3 0	3 0	30	3 0	30	3 2	30	3 4	30	3 7	31	3 12	32	3 14	32	3 17	33
3 30	3 30	30	3 30	30	3 32	30	3 34	31	3 38	31	3 44	32	3 46	33	3 50	33
4 0	4 0	30	4 0	31	4 3	30	4 5	31	4 10	31	4 16	32	4 19	32	4 23	33
4 30	4 30	30	4 31	30	4 33	31	4 36	31	4 41	31	4 47	32	4 51	33	4 56	33
5 0	5 0	30	5 1	30	5 3	30	5 7	31	5 12	31	5 19	32	5 24	32	5 30	32
5 30	5 30	30	5 31	30	5 33	31	5 37	31	5 43	32	5 51	32	5 56	33	6 1	33
6 0	6 0	30	6 1	30	6 4	30	6 8	31	6 15	30	6 23	32	6 28	32	6 34	33
6 30	6 30	30	6 31	29	6 34	31	6 39	31	6 45	32	6 55	32	7 0	33	7 7	33
7 0	7 0	30	7 0	31	7 5	30	7 10	30	7 17	31	7 27	32	7 35	32	7 40	33
7 30	7 30	30	7 31	30	7 35	31	7 40	31	7 48	31	7 59	32	8 5	33	8 15	33
8 0	8 0	30	8 1	30	8 5	30	8 11	31	8 19	31	8 31	32	8 38	32	8 46	33
8 30	8 30	30	8 31	30	8 35	30	8 41	31	8 50	32	9 5	32	9 10	33	9 19	33
9 0	9 0	30	9 1	30	9 5	30	9 12	31	9 22	31	9 33	32	9 43	32	9 52	33
9 30	9 30	30	9 31	29	9 35	31	9 43	31	9 53	31	10 7	32	10 15	33	10 25	33
10 0	10 0	30	10 2	29	10 6	30	10 14	30	10 24	31	10 39	32	10 48	32	10 58	33
10 30	10 30	30	10 31	31	10 36	31	10 44	31	10 55	32	11 11	32	11 20	32	11 31	33
11 0	11 0	30	11 2	30	11 7	30	11 15	30	11 27	31	11 43	32	11 55	33	12 4	32
11 30	11 30	30	11 32	30	11 37	30	11 45	31	11 58	31	12 15	32	12 25	32	12 36	32
12 0	12 0	30	12 2	30	12 7	30	12 16	31	12 29	31	12 47	32	12 58	32	13 9	33
12 30	12 30	30	12 32	30	12 37	31	12 47	31	13 0	32	13 19	32	13 30	33	13 42	34
13 0	13 0	30	13 2	30	13 8	30	13 18	30	13 32	31	13 51	32	14 3	32	14 16	33
13 30	13 30	30	13 32	30	13 38	30	13 48	31	14 3	31	14 23	32	14 35	33	14 49	33
14 0	14 0	30	14 2	30	14 8	30	14 19	31	14 34	31	14 55	32	15 8	33	15 22	33
14 30	14 30	30	14 32	30	14 38	30	14 50	31	15 5	32	15 27	32	15 40	33	15 55	33
15 0	15 0	30	15 2	30	15 5	30	15 21	30	15 37	31	15 59	32	16 13	32	16 28	33
15 30	15 30	30	15 32	30	15 35	33	15 51	31	16 8	32	16 31	33	16 45	33	17 1	33
16 0	16 0	30	16 2	30	16 10	30	16 22	30	16 40	32	17 4	32	17 18	32	17 34	33
16 30	16 30	30	16 32	31	16 40	30	16 52	31	17 11	31	17 36	32	17 50	33	18 7	33
17 0	17 0	30	17 3	30	17 10	30	17 23	31	17 43	32	18 8	32	18 23	33	18 40	33
17 30	17 30	30	17 33	30	17 40	31	17 54	31	18 14	31	18 40	32	18 55	33	19 13	33
18 0	18 0	15	18 3	15	18 11	15	18 25	15	18 45	15	19 12	16	19 28	16	19 46	16
18 15	18 15	15	18 18	15	18 26	15	18 40	15	19 0	16	19 28	16	19 44	16	20 2	17
18 30	18 30	15	18 33	15	18 41	15	18 55	15	19 16	16	19 44	16	20 0	16	20 19	17
18 45	18 45	15	18 48	15	18 56	16	19 10	16	19 32	16	20 0	16	20 16	16	20 36	17
19 0	19 0	15	19 3	15	19 12	15	19 26	15	19 48	16	20 16	16	20 33	17	20 53	17
19 15	19 15	15	19 18	15	19 27	15	19 41	16	20 5	15	20 32	16	20 49	16	21 9	16
19 30	19 30	15	19 33	15	19 42	15	19 57	15	20 19	16	20 48	16	21 6	16	21 26	16
19 45	19 45	15	19 48	15	19 57	15	20 12	16	20 35	16	21 4	16	21 22	16	21 42	16
20 0	20 0	15	20 3	15	20 12	15	20 28	15	20 51	16	21 21	17	21 39	17	21 59	17
20 15	20 15	15	20 18	15	20 27	15	20 43	16	21 6	15	21 37	16	21 55	16	22 15	16
20 30	20 30	15	20 35	15	20 42	15	20 59	15	21 22	16	21 55	16	22 11	16	22 32	17
20 45	20 45	15	20 48	15	20 57	16	21 14	16	21 37	15	22 9	16	22 27	16	22 49	17
21 0	21 0	15	21 3	15	21 13	15	21 30	15	21 53	15	22 25	16	22 44	16	23 6	16
21 15	21 15	15	21 18	15	21 28	15	21 45	15	22 8	16	22 41	16	23 0	16	23 22	16
21 30	21 30	15	21 33	15	21 43	15	22 0	16	22 24	16	22 57	16	23 17	17	23 39	17
21 45	21 45	15	21 48	15	21 58	16	22 15	15	22 40	16	23 13	16	23 33	16	23 56	16
22 0	22 0	15	22 3	15	22 14	15	22 31	15	22 56	16	23 30	17	23 50	17	24 13	16
22 15	22 15	15	22 18	15	22 29	15	22 46	16	23 11	15	23 46	16	24 6	16	24 29	17
22 30	22 30	15	22 35	15	22 44	15	23 2	16	23 27	16	24 2	16	24 25	16	24 46	17
22 45	22 45	15	22 48	15	22 59	16	23 17	15	23 43	16	24 18	16	24 39	16	25 2	16
23 0	23 0	15	23 4	16	23 14	15	23 33	16	23 59	16	24 34	16	24 56	17	25 19	17
23 15	23 15	15	23 19	15	23 29	15	23 48	15	24 14	15	24 50	16	25 12	16	25 36	17
23 30	23 30	15	23 34	15	23 44	15	24 3	15	24 30	16	25 6	16	25 28	16	25 55	16
23 45	23 45	15	23 49	15	23 59	15	24 18	15	24 46	16	25 22	16	25 44	16	26 10	17

TABLE XIII. Des amplitudes du Soleil.

Latitude.

Déclinaison	26°	Dif	28°	Dif	30°	Dif	32°	Dif
0 0	0 0	33	0 0	34	0 0	35	0 0	35
0 30	0 33	34	0 34	34	0 35	35	0 35	36
1 0	1 7	33	1 8	33	1 10	34	1 11	35
1 30	1 40	34	1 41	35	1 44	35	1 46	36
2 0	2 14	33	2 16	34	2 19	34	2 22	35
2 30	2 47	34	2 50	34	2 53	35	2 57	36
3 0	3 21	33	3 24	34	3 28	34	3 33	35
3 30	3 54	33	3 58	34	4 2	35	4 8	35
4 0	4 27	33	4 32	34	4 37	35	4 43	35
4 30	5 0	34	5 6	34	5 12	35	5 18	36
5 0	5 34	33	5 40	34	5 47	34	5 54	35
5 30	6 7	34	6 14	34	6 21	35	6 29	36
6 0	6 41	33	6 48	34	6 56	34	7 5	35
6 30	7 14	34	7 22	34	7 30	35	7 40	36
7 0	7 48	33	7 56	34	8 5	35	8 16	35
7 30	8 21	34	8 30	34	8 40	35	8 51	36
8 0	8 55	33	9 4	34	9 15	35	9 27	35
8 30	9 28	33	9 38	34	9 50	34	10 2	36
9 0	10 1	34	10 12	34	10 24	35	10 38	35
9 30	10 35	34	10 46	35	10 59	35	11 13	36
10 0	11 9	33	11 21	34	11 34	35	11 49	35
10 30	11 42	33	11 55	34	12 9	35	12 24	36
11 0	12 15	33	12 29	34	12 44	35	13 0	36
11 30	12 48	34	13 3	34	13 19	34	13 36	35
12 0	13 22	34	13 37	34	13 53	35	14 11	36
12 30	13 56	34	14 11	35	14 28	35	14 47	36
13 0	14 30	33	14 46	34	15 3	35	15 23	36
13 30	15 3	34	15 20	34	15 38	35	15 59	35
14 0	15 37	34	15 54	34	16 13	35	16 34	36
14 30	16 11	34	16 28	35	16 48	35	17 10	36
15 0	16 45	33	17 3	33	17 23	35	17 46	36
15 30	17 18	34	17 36	35	17 58	36	18 22	36
16 0	17 52	33	18 11	34	18 34	35	18 58	36
16 30	18 25	34	18 45	35	19 9	35	19 34	36
17 0	18 59	34	19 20	34	19 44	35	20 10	36
17 30	19 33	34	19 54	35	20 19	35	20 46	36
18 0	20 7	16	20 29	17	20 54	18	21 22	18
18 15	20 23	17	20 46	17	21 12	18	21 40	18
18 30	20 40	17	21 3	17	21 30	17	21 58	18
18 45	20 57	17	21 20	18	21 47	18	22 16	19
19 0	21 14	17	21 38	17	22 5	17	22 35	18
19 15	21 31	17	21 55	17	22 22	18	22 53	18
19 30	21 48	17	22 12	17	22 40	18	23 11	18
19 45	22 5	17	22 29	18	22 58	18	23 29	18
20 0	22 22	17	22 47	17	23 16	17	23 47	18
20 15	22 39	17	23 4	18	23 33	18	24 5	19
20 30	22 56	17	23 22	17	23 51	18	24 24	18
20 45	23 13	17	23 39	18	24 9	18	24 42	18
21 0	23 30	17	23 57	17	24 27	17	25 0	18
21 15	23 47	17	24 14	17	24 44	18	25 18	18
21 30	24 4	17	24 31	17	25 2	18	25 36	18
21 45	24 21	17	24 48	18	25 20	19	25 54	19
22 0	24 38	17	25 6	17	25 39	17	26 13	18
22 15	24 55	17	25 23	18	25 56	17	26 31	19
22 30	25 12	17	25 41	17	26 13	18	26 50	18
22 45	25 29	17	25 58	18	26 31	18	27 8	18
23 0	25 46	17	26 16	17	26 49	18	27 26	18
23 15	26 3	17	26 33	18	27 7	18	27 44	19
23 30	26 20	17	26 51	17	27 25	18	28 3	18
23 45	26 37		27 8		27 43		28 21	

Déclinaison	34°	Dif	36°	Dif	37°	Dif	38°	Dif
0 0	0 0	36	0 0	37	0 0	38	0 0	38
0 30	0 36	36	0 37	37	0 38	37	0 38	38
1 0	1 12	36	1 14	37	1 15	37	1 16	38
1 30	1 48	37	1 51	37	1 52	38	1 54	38
2 0	2 25	36	2 28	37	2 30	38	2 32	38
2 30	3 1	36	3 5	38	3 8	37	3 10	38
3 0	3 37	36	3 43	37	3 45	38	3 48	39
3 30	4 13	37	4 20	37	4 23	38	4 27	38
4 0	4 50	36	4 57	37	5 1	37	5 5	38
4 30	5 26	36	5 34	37	5 38	38	5 43	38
5 0	6 2	36	6 11	37	6 16	38	6 21	38
5 30	6 38	37	6 48	37	6 54	37	6 59	38
6 0	7 15	36	7 25	38	7 31	38	7 37	38
6 30	7 51	36	8 3	37	8 9	38	8 15	39
7 0	8 27	36	8 40	37	8 47	37	8 54	38
7 30	9 3	37	9 17	37	9 24	38	9 32	39
8 0	9 40	36	9 54	38	10 2	38	10 11	38
8 30	10 16	36	10 32	37	10 40	38	10 49	38
9 0	10 52	37	11 9	37	11 18	38	11 27	38
9 30	11 29	36	11 46	38	11 56	38	12 5	39
10 0	12 5	37	12 24	37	12 34	37	12 44	38
10 30	12 42	36	13 1	38	13 11	38	13 22	39
11 0	13 18	37	13 39	36	13 49	38	14 1	38
11 30	13 55	37	14 15	39	14 27	39	14 39	39
12 0	14 32	36	14 54	37	15 6	37	15 18	39
12 30	15 8	37	15 31	38	15 43	39	15 57	38
13 0	15 45	36	16 9	37	16 22	38	16 35	39
13 30	16 21	37	16 46	38	17 0	38	17 14	39
14 0	16 58	37	17 24	38	17 38	38	17 53	39
14 30	17 35	37	18 2	38	18 16	39	18 32	38
15 0	18 12	36	18 40	37	18 55	38	19 10	39
15 30	18 48	37	19 17	38	19 33	38	19 49	39
16 0	19 25	37	19 55	38	20 11	39	20 28	40
16 30	20 2	36	20 33	38	20 50	38	21 8	39
17 0	20 38	38	21 11	38	21 28	39	21 47	39
17 30	21 16	37	21 49	38	22 7	39	22 26	39
18 0	21 53	18	22 27	19	22 46	19	23 5	20
18 15	22 11	19	22 46	20	23 5	20	23 25	20
18 30	22 30	18	23 6	19	23 25	19	23 45	19
18 45	22 48	19	23 25	19	23 44	19	24 4	20
19 0	23 7	19	23 44	19	24 3	19	24 24	20
19 15	23 26	19	24 3	19	24 22	20	24 44	20
19 30	23 45	18	24 22	19	24 42	19	25 4	19
19 45	24 3	19	24 41	20	25 1	20	25 23	20
20 0	24 22	18	25 1	19	25 21	19	25 43	20
20 15	24 40	19	25 20	19	25 40	20	26 3	20
20 30	24 59	19	25 39	19	26 0	20	26 23	20
20 45	25 18	19	25 58	20	26 20	20	26 43	20
21 0	25 37	18	26 18	19	26 40	19	27 3	20
21 15	25 55	19	26 37	19	26 59	20	27 23	20
21 30	26 14	19	26 56	19	27 19	19	27 43	20
21 45	26 33	19	27 15	20	27 38	20	28 3	20
22 0	26 52	18	27 35	19	27 58	20	28 23	20
22 15	27 10	19	27 54	20	28 18	20	28 43	20
22 30	27 29	19	28 14	19	28 38	19	29 3	20
22 45	27 48	19	28 33	20	28 57	20	29 23	21
23 0	28 7	19	28 53	19	29 17	20	29 44	20
23 15	28 26	19	29 12	20	29 37	20	30 4	20
23 30	28 45	19	29 32	19	29 57	20	30 24	20
23 45	29 4		29 51		30 17		30 44	

TABLE XIII. Des amplitudes du Soleil.

Latitude.

Déclinaison °	'	39° °	'	Dif	40° °	'	Dif	41° °	'	Dif	42° °	'	Dif
0	0	0	0		0	0		0	0		0	0	
0	30	0	39	39	0	39	39	0	40	40	0	40	40
1	0	1	17	38	1	18	39	1	19	39	1	21	41
1	30	1	56	39	1	58	40	1	59	40	2	1	40
2	0	2	34	38	2	37	39	2	39	40	2	41	40
2	30	3	13	39	3	16	39	3	19	40	3	22	41
3	0	3	52	39	3	55	39	3	59	40	4	2	40
3	30	4	30	38	4	34	39	4	38	39	4	43	41
4	0	5	9	39	5	14	40	5	18	40	5	23	40
4	30	5	48	39	5	53	39	5	58	40	6	4	41
5	0	6	26	38	6	32	39	6	38	40	6	44	40
5	30	7	5	39	7	11	39	7	18	40	7	25	41
6	0	7	44	39	7	51	40	7	58	40	8	5	40
6	30	8	23	39	8	30	39	8	38	40	8	46	41
7	0	9	1	38	9	9	39	9	18	40	9	26	40
7	30	9	40	39	9	49	40	9	58	40	10	7	41
8	0	10	19	39	10	28	39	10	38	40	10	48	41
8	30	10	58	39	11	8	40	11	18	40	11	28	40
9	0	11	37	39	11	47	39	11	58	40	12	9	41
9	30	12	16	39	12	27	40	12	38	40	12	50	41
10	0	12	55	39	13	6	39	13	18	40	13	31	41
10	30	13	34	39	13	46	40	13	58	40	14	12	41
11	0	14	13	39	14	25	39	14	39	41	14	53	41
11	30	14	52	39	15	5	40	15	19	40	15	34	41
12	0	15	31	39	15	45	40	16	0	41	16	15	41
12	30	16	10	39	16	25	40	16	40	40	16	56	41
13	0	16	50	40	17	5	40	17	21	41	17	37	41
13	30	17	29	39	17	45	40	18	1	40	18	18	41
14	0	18	8	39	18	25	40	18	42	41	19	0	42
14	30	18	48	40	19	5	40	19	23	41	19	42	42
15	0	19	27	39	19	45	40	20	3	40	20	23	41
15	30	20	7	40	20	25	40	20	44	41	21	5	42
16	0	20	46	39	21	5	40	21	25	41	21	46	41
16	30	21	26	40	21	46	41	22	6	41	22	28	42
17	0	22	6	40	22	26	40	22	48	42	23	10	42
17	30	22	46	40	23	7	41	23	29	41	23	52	42
18	0	23	26	40	23	47	40	24	10	41	24	34	42
18	15	23	46	20	24	7	20	24	31	21	24	55	21
18	30	24	6	20	24	28	21	24	52	21	25	17	22
18	45	24	26	20	24	48	20	25	13	21	25	38	21
19	0	24	46	20	25	9	21	25	33	20	25	59	21
19	15	25	6	20	25	29	20	25	54	21	26	20	21
19	30	25	26	20	25	50	21	26	15	21	26	42	22
19	45	25	46	20	26	10	20	26	36	21	27	3	21
20	0	26	7	21	26	31	21	26	57	21	27	24	21
20	15	26	27	20	26	52	21	27	18	21	27	45	21
20	30	26	47	20	27	12	20	27	39	21	28	7	22
20	45	27	7	20	27	33	21	28	0	21	28	28	21
21	0	27	28	21	27	54	21	28	21	21	28	50	22
21	15	27	48	20	28	14	20	28	41	20	29	11	21
21	30	28	8	20	28	35	21	29	3	22	29	33	22
21	45	28	28	20	28	56	21	29	24	21	29	54	21
22	0	28	49	21	29	17	21	29	46	22	30	16	22
22	15	29	9	20	29	37	20	30	7	21	30	38	22
22	30	29	30	21	29	58	21	30	28	21	31	0	22
22	45	29	50	20	30	19	21	30	49	21	31	21	21
23	0	30	11	21	30	40	21	31	11	22	31	43	22
23	15	30	31	20	31	1	21	31	32	21	32	5	22
23	30	30	52	21	31	22	21	31	54	22	32	27	22
23	45	31	13	21	31	43	21	32	15	21	32	49	22

Déclinaison °	'	43° °	'	Dif	44° °	'	Dif	45° °	'	Dif	46° °	'	Dif
0	0	0	0		0	0		0	0		0	0	
0	30	0	41	41	0	42	42	0	42	42	0	43	43
1	0	1	22	41	1	23	41	1	25	43	1	26	43
1	30	2	3	41	2	5	42	2	7	42	2	10	44
2	0	2	44	41	2	47	42	2	50	43	2	53	43
2	30	3	25	41	3	29	42	3	32	42	3	36	43
3	0	4	6	41	4	10	41	4	15	43	4	19	43
3	30	4	47	41	4	52	42	4	57	42	5	2	43
4	0	5	28	41	5	34	42	5	40	43	5	46	44
4	30	6	9	41	6	16	42	6	22	42	6	29	43
5	0	6	51	42	6	58	42	7	5	43	7	12	43
5	30	7	32	41	7	39	41	7	47	42	7	56	44
6	0	8	13	41	8	21	42	8	30	43	8	39	43
6	30	8	54	41	9	3	42	9	13	43	9	23	44
7	0	9	35	41	9	45	42	9	55	42	10	6	43
7	30	10	17	42	10	27	42	10	38	43	10	50	44
8	0	10	58	41	11	9	42	11	21	43	11	33	43
8	30	11	40	42	11	51	42	12	4	43	12	17	44
9	0	12	21	41	12	34	43	12	47	43	13	1	44
9	30	13	2	41	13	16	42	13	30	43	13	45	44
10	0	13	44	42	13	58	42	14	13	43	14	29	44
10	30	14	26	42	14	41	43	14	56	43	15	12	43
11	0	15	7	41	15	23	42	15	39	43	15	57	45
11	30	15	49	42	16	5	42	16	23	44	16	41	44
12	0	16	31	42	16	48	43	17	6	43	17	25	44
12	30	17	13	42	17	31	43	17	49	43	18	9	44
13	0	17	55	42	18	13	42	18	33	44	18	54	45
13	30	18	37	42	18	56	43	19	17	44	19	38	44
14	0	19	19	42	19	39	43	20	0	43	20	23	45
14	30	20	1	42	20	22	43	20	44	44	21	8	45
15	0	20	43	42	21	5	43	21	28	44	21	53	45
15	30	21	25	42	21	49	44	22	12	44	22	38	45
16	0	22	8	43	22	32	43	22	57	45	23	23	45
16	30	22	51	43	23	15	43	23	41	44	24	8	45
17	0	23	34	43	23	59	44	24	25	44	24	53	45
17	30	24	17	43	24	43	44	25	10	45	25	39	46
18	0	25	0	43	25	26	43	25	55	45	26	25	46
18	15	25	21	21	25	48	22	26	17	22	26	48	23
18	30	25	43	22	26	11	23	26	40	23	27	11	23
18	45	26	4	21	26	33	22	27	2	22	27	34	23
19	0	26	26	22	26	55	22	27	25	23	27	57	23
19	15	26	47	21	27	17	22	27	47	22	28	20	23
19	30	27	9	22	27	39	22	28	10	23	28	43	23
19	45	27	31	22	28	1	22	28	33	23	29	6	23
20	0	27	53	22	28	24	23	28	56	23	29	30	24
20	15	28	15	22	28	46	22	29	18	22	29	53	23
20	30	28	37	22	29	8	22	29	41	23	30	16	23
20	45	28	58	21	29	30	22	30	4	23	30	39	23
21	0	29	20	22	29	53	23	30	27	23	31	3	24
21	15	29	42	22	30	15	22	30	50	23	31	27	24
21	30	30	5	23	30	38	23	31	13	23	31	51	24
21	45	30	27	22	31	1	23	31	36	23	32	14	23
22	0	30	49	22	31	23	22	31	59	23	32	38	24
22	15	31	11	22	31	46	23	32	22	23	33	2	24
22	30	31	33	22	32	9	23	32	46	24	33	26	24
22	45	31	55	22	32	31	22	33	9	23	33	50	24
23	0	32	18	23	32	54	23	33	33	24	34	14	24
23	15	32	40	22	33	17	23	33	56	23	34	38	24
23	30	33	3	23	33	40	23	34	20	24	35	2	24
23	45	33	25	22	34	3	23	34	43	23	35	26	24

TABLE XIII. Des amplitudes du Soleil.

Déclinaison	47°	Dif	48°	Dif	49°	Dif	50°	Dif	50°30′	Dif	51° 0′	Dif	51°30′	Dif	52° 0′	Dif
0 0	0 0		0 0		0 0		0 0		0 0		0 0		0 0		0 0	
0 30	0 44	44	0 45	45	0 46	46	0 47	47	0 47	47	0 48	48	0 48	48	0 49	49
1 0	1 28	44	1 30	45	1 31	45	1 33	46	1 34	47	1 35	47	1 36	48	1 37	48
1 30	2 12	44	2 15	45	2 17	46	2 20	47	2 22	48	2 23	48	2 25	49	2 26	49
2 0	2 56	44	2 59	44	3 3	46	3 7	47	3 9	47	3 11	48	3 13	48	3 15	49
2 30	3 40	44	3 44	45	3 49	46	3 54	47	3 56	47	3 59	48	4 1	48	4 4	49
3 0	4 24	44	4 29	45	4 35	46	4 40	46	4 43	47	4 46	47	4 49	48	4 52	48
3 30	5 8	44	5 14	45	5 20	45	5 27	47	5 30	47	5 34	48	5 38	49	5 41	49
4 0	5 52	44	5 59	45	6 6	46	6 14	47	6 18	48	6 22	48	6 26	48	6 30	49
4 30	6 36	44	6 44	45	6 52	46	7 1	47	7 5	47	7 10	48	7 14	48	7 20	50
5 0	7 21	45	7 29	45	7 38	46	7 48	47	7 53	48	7 58	48	8 3	49	8 8	48
5 30	8 5	44	8 14	45	8 24	46	8 35	47	8 40	47	8 46	48	8 51	48	8 57	49
6 0	8 49	44	8 59	45	9 10	46	9 21	46	9 27	47	9 34	48	9 40	49	9 46	49
6 30	9 33	44	9 45	46	9 56	46	10 8	47	10 15	48	10 22	48	10 29	49	10 36	50
7 0	10 18	45	10 30	45	10 42	46	10 56	48	11 3	48	11 10	48	11 17	48	11 25	49
7 30	11 2	44	11 15	45	11 28	46	11 43	47	11 50	47	11 58	48	12 6	49	12 14	49
8 0	11 47	45	12 1	46	12 15	47	12 30	47	12 38	48	12 47	49	12 55	49	13 4	50
8 30	12 31	44	12 46	45	13 1	46	13 18	48	13 26	48	13 35	48	13 44	49	13 54	50
9 0	13 16	45	13 31	45	13 48	47	14 5	47	14 14	48	14 24	49	14 33	49	14 43	49
9 30	14 0	44	14 17	46	14 35	47	14 53	48	15 2	48	15 12	48	15 23	50	15 33	50
10 0	14 45	45	15 3	46	15 21	46	15 40	47	15 51	49	16 1	49	16 12	49	16 23	50
10 30	15 30	45	15 48	45	16 8	47	16 28	48	16 39	48	16 50	49	17 1	49	17 13	50
11 0	16 15	45	16 34	46	16 55	47	17 16	48	17 27	48	17 39	49	17 51	50	18 3	50
11 30	17 0	45	17 20	46	17 41	46	18 4	48	18 16	49	18 28	49	18 41	50	18 54	51
12 0	17 45	45	18 6	46	18 28	47	18 52	48	19 5	49	19 18	50	19 31	50	19 44	50
12 30	18 30	45	18 52	46	19 16	48	19 41	49	19 54	49	20 7	49	20 21	50	20 35	51
13 0	19 16	46	19 39	47	20 3	47	20 29	48	20 43	49	20 57	50	21 11	50	21 26	51
13 30	20 1	45	20 25	46	20 51	48	21 18	49	21 32	49	21 47	50	22 2	51	22 17	51
14 0	20 47	46	21 12	47	21 38	47	22 7	49	22 21	49	22 37	50	22 52	50	23 9	52
14 30	21 32	45	21 58	46	22 26	48	22 56	49	23 11	50	23 27	50	23 43	51	24 0	51
15 0	22 18	46	22 45	47	23 14	48	23 45	49	24 1	50	24 18	51	24 34	51	24 52	52
15 30	23 4	46	23 33	48	24 3	49	24 34	49	24 51	50	25 8	50	25 26	52	25 44	52
16 0	23 50	46	24 20	47	24 51	48	25 24	50	25 41	50	25 59	51	26 17	51	26 36	52
16 30	24 37	47	25 7	47	25 39	48	26 13	49	26 31	50	26 49	50	27 9	52	27 28	52
17 0	25 23	46	25 54	47	26 28	49	27 3	50	27 22	51	27 41	52	28 1	52	28 21	53
17 30	26 10	47	26 42	48	27 17	49	27 53	50	28 13	51	28 33	52	28 53	52	29 14	53
18 0	26 57	47	27 31	49	28 6	49	28 44	51	29 4	51	29 25	52	29 46	53	30 7	53
18 15	27 21	24	27 54	23	28 30	24	29 9	25	29 30	26	29 51	26	30 12	26	30 34	27
18 30	27 44	23	28 19	25	28 55	25	29 35	26	29 55	25	30 17	26	30 39	27	31 1	27
18 45	28 7	23	28 43	24	29 21	26	30 1	26	30 21	26	30 43	26	31 5	26	31 29	28
19 0	28 31	24	29 7	24	29 45	24	30 26	25	30 47	26	31 9	26	31 32	27	31 56	27
19 15	28 55	24	29 31	24	30 11	26	30 52	26	31 13	26	31 36	27	31 59	27	32 23	27
19 30	29 18	23	29 56	25	30 36	25	31 18	26	31 39	26	32 2	26	32 26	27	32 50	27
19 45	29 42	24	30 20	24	31 0	24	31 44	26	32 6	27	32 29	27	32 55	29	33 18	28
20 0	30 6	24	30 44	24	31 25	25	32 9	25	32 32	26	32 55	26	33 20	25	33 45	27
20 15	30 30	24	31 9	25	31 50	25	32 34	25	32 58	26	33 22	27	33 47	27	34 13	28
20 30	30 54	24	31 34	25	32 16	26	33 1	27	33 24	26	33 49	27	34 14	27	34 40	27
20 45	31 18	24	31 58	24	32 41	25	33 27	26	33 51	27	34 16	27	34 41	27	35 8	28
21 0	31 42	24	32 23	25	33 6	25	33 53	26	34 17	26	34 43	27	35 9	28	35 36	28
21 15	32 6	24	32 48	25	33 32	26	34 20	27	34 44	27	35 10	27	35 36	27	36 4	28
21 30	32 30	24	33 13	25	33 57	25	34 46	26	35 11	27	35 37	27	36 4	28	36 32	28
21 45	32 55	25	33 38	25	34 23	26	35 12	26	35 38	27	36 5	28	36 32	28	37 0	28
22 0	33 19	24	34 3	25	34 49	26	35 38	26	36 5	27	36 32	27	37 0	28	37 29	29
22 15	33 44	25	34 28	25	35 15	26	36 5	27	36 32	27	37 0	28	37 28	28	37 57	28
22 30	34 8	24	34 53	25	35 41	26	36 32	27	36 59	27	37 28	28	37 56	28	38 26	29
22 45	34 33	25	35 18	25	36 6	25	36 59	27	37 27	28	37 55	27	38 24	28	38 55	29
23 0	34 57	24	35 44	26	36 33	27	37 26	27	37 54	27	38 23	28	38 53	29	39 24	29
23 15	35 22	25	36 9	25	37 0	27	37 53	27	38 22	28	38 51	28	39 22	29	39 53	29
23 30	35 47	25	36 35	26	37 26	26	38 20	27	38 49	27	39 19	28	39 51	29	40 22	29
23 45	36 12	25	37 0	25	37 52	26	38 48	28	39 17	28	39 47	28	40 19	28	40 51	29

TABLE XIII. Des amplitudes du Soleil.

Latitude.

Déclinaison	52° 30'	Dif	53° 0'	Dif	53° 30'	Dif	54° 0'	Dif	54° 30'	Dif	55° 0'	Dif	55° 30'	Dif	56° 0'	Dif
0 0	0 0	49	0 0	50	0 0	50	0 0	51	0 0	52	0 0	53	0 0	53	0 0	54
0 30	0 49	49	0 50	49	0 50	51	0 51	51	0 52	51	0 53	52	0 53	53	0 54	53
1 0	1 38	50	1 39	51	1 41	50	1 42	51	1 43	52	1 45	52	1 46	53	1 47	54
1 30	2 28	49	2 30	50	2 31	51	2 33	51	2 35	52	2 37	52	2 39	53	2 41	54
2 0	3 17	49	3 20	50	3 22	50	3 24	51	3 27	52	3 29	53	3 32	53	3 35	54
2 30	4 6	49	4 10	49	4 12	51	4 15	52	4 19	51	4 22	52	4 25	53	4 29	53
3 0	4 55	50	4 59	50	5 3	50	5 7	51	5 10	52	5 14	53	5 18	53	5 22	54
3 30	5 45	50	5 49	51	5 53	51	5 58	51	6 2	52	6 7	52	6 11	54	6 16	54
4 0	6 35	49	6 40	49	6 44	51	6 49	52	6 54	52	6 59	53	7 5	53	7 10	54
4 30	7 24	50	7 29	51	7 35	50	7 41	51	7 46	52	7 52	52	7 58	53	8 4	54
5 0	8 14	49	8 20	50	8 25	51	8 32	51	8 38	52	8 44	53	8 51	53	8 58	54
5 30	9 3	50	9 10	50	9 16	51	9 23	52	9 30	52	9 37	53	9 44	54	9 52	54
6 0	9 53	50	10 0	51	10 7	51	10 15	51	10 22	52	10 30	53	10 38	54	10 46	55
6 30	10 43	50	10 51	50	10 58	51	11 6	52	11 14	53	11 23	53	11 32	54	11 41	54
7 0	11 33	50	11 41	52	11 49	52	11 58	52	12 7	52	12 16	53	12 26	53	12 35	55
7 30	12 23	50	12 33	49	12 41	51	12 50	52	12 59	53	13 9	54	13 19	54	13 30	55
8 0	13 13	50	13 22	51	13 32	51	13 42	52	13 52	53	14 3	53	14 13	55	14 25	55
8 30	14 3	52	14 13	51	14 23	52	14 34	52	14 45	53	14 56	54	15 8	54	15 20	55
9 0	14 55	48	15 4	51	15 15	52	15 26	52	15 38	53	15 50	53	16 2	54	16 15	55
9 30	15 43	51	15 55	51	16 7	51	16 18	53	16 31	53	16 43	54	16 56	55	17 10	56
10 0	16 34	51	16 46	52	16 58	52	17 11	53	17 24	53	17 37	55	17 51	55	18 6	55
10 30	17 25	51	17 38	51	17 50	53	18 4	53	18 17	54	18 32	54	18 46	55	19 1	56
11 0	18 16	51	18 29	52	18 43	52	18 57	53	19 11	54	19 26	54	19 41	56	19 57	58
11 30	19 7	51	19 21	52	19 35	52	19 50	53	20 5	54	20 20	55	20 37	55	20 55	55
12 0	19 58	52	20 13	52	20 27	53	20 43	54	20 59	54	21 15	55	21 32	56	21 50	56
12 30	20 50	51	21 5	52	21 20	53	21 37	53	21 53	55	22 10	56	22 28	56	22 46	57
13 0	21 41	52	21 57	52	22 13	53	22 30	53	22 48	54	23 6	56	23 24	56	23 43	57
13 30	22 33	52	22 49	56	23 6	54	23 23	55	23 42	55	24 2	55	24 20	57	24 40	58
14 0	23 25	52	23 45	51	24 0	54	24 18	55	24 37	55	24 57	56	25 17	57	25 38	58
14 30	24 17	53	24 36	52	24 54	54	25 13	54	25 32	56	25 53	57	26 14	57	26 36	58
15 0	25 10	52	25 28	54	25 48	54	26 7	56	26 28	56	26 50	56	27 11	58	27 34	59
15 30	26 2	53	26 22	54	26 42	54	27 3	55	27 24	56	27 46	57	28 9	58	28 33	59
16 0	26 55	54	27 16	54	27 36	55	27 58	56	28 20	57	28 43	58	29 7	59	29 32	60
16 30	27 49	53	28 10	54	28 31	55	28 54	56	29 17	57	29 41	58	30 6	59	30 32	60
17 0	28 42	54	29 4	55	29 26	56	29 50	56	30 14	57	30 39	58	31 5	59	31 32	61
17 30	29 36	54	29 59	55	30 22	56	30 46	57	31 11	58	31 37	59	32 4	60	32 33	60
18 0	30 30	28	30 54	27	31 18	28	31 43	28	32 9	29	32 36	29	33 4	30	33 33	30
18 15	30 58	27	31 21	28	31 46	28	32 11	29	32 38	29	33 5	30	33 34	31	34 3	31
18 30	31 25	27	31 49	28	32 14	28	32 40	29	33 7	29	33 35	30	34 5	30	34 34	31
18 45	31 52	28	32 17	28	32 42	29	33 9	29	33 36	30	34 5	30	34 35	31	35 5	31
19 0	32 20	27	32 45	30	33 11	28	33 38	29	34 6	29	34 35	30	35 6	30	35 36	32
19 15	32 47	28	33 15	26	33 39	29	34 7	29	34 35	30	35 5	30	35 36	30	36 8	31
19 30	33 15	29	33 41	29	34 8	29	34 36	29	35 5	31	35 35	31	36 6	31	36 39	31
19 45	33 44	27	34 10	28	34 37	29	35 5	30	35 36	30	36 6	31	36 37	32	37 10	32
20 0	34 11	28	34 38	29	35 6	29	35 35	29	36 6	31	36 37	32	37 9	31	37 42	32
20 15	34 39	28	35 7	29	35 35	29	36 4	30	36 37	32	37 9	31	37 40	32	38 14	33
20 30	35 7	28	35 36	29	36 4	29	36 34	30	37 9	31	37 40	32	38 12	31	38 47	32
20 45	35 35	28	36 5	28	36 33	32	37 4	30	37 40	26	38 12	28	38 43	32	39 19	32
21 0	36 3	29	36 33	29	37 5	27	37 34	30	38 6	31	38 40	31	39 15	32	39 51	33
21 15	36 32	29	37 2	29	37 32	30	38 4	30	38 37	29	39 11	32	39 47	32	40 24	33
21 30	37 1	29	37 31	29	38 2	30	38 34	31	39 6	33	39 43	32	40 19	32	40 57	33
21 45	37 30	29	38 0	30	38 32	30	39 5	31	39 39	32	40 15	32	40 51	33	41 30	34
22 0	37 59	29	38 30	30	39 2	30	39 36	30	40 11	31	40 47	32	41 24	33	42 4	33
22 15	38 28	29	39 0	30	39 32	31	40 6	31	40 42	33	41 19	33	41 57	33	42 37	34
22 30	38 57	29	39 30	29	40 3	30	40 37	31	41 15	30	41 52	32	42 30	33	43 11	34
22 45	39 26	30	39 59	30	40 33	30	41 8	32	41 45	33	42 24	32	43 3	34	43 45	35
23 0	39 56	29	40 29	30	41 3	31	41 40	31	42 18	32	42 56	33	43 37	34	44 20	34
23 15	40 25	30	40 59	30	41 34	32	42 11	32	42 50	32	43 29	34	44 11	34	44 54	35
23 30	40 55	30	41 29	31	42 6	31	42 43	32	43 22	32	44 3	33	44 45	35	45 29	35
23 45	41 25		42 0		42 37		43 15		43 54		44 36		45 20		46 4	

TABLE XIII. Des amplitudes du Soleil.

Décl. °	Décl. ′	56°30′	Dif	57°0′	Dif	57°30′	Dif	58°0′	Dif	58°30′	Dif	59°0′	Dif	59°30′	Dif	60°0′	Dif
0	0	0 0	55	0 0	55	0 0	56	0 0	57	0 0	57	0 0	58	0 0	59	0 0	60
0	30	0 55	54	0 55	55	0 56	56	0 57	56	0 57	58	0 58	59	0 59	59	1 0	60
1	0	1 49	54	1 50	55	1 52	55	1 53	57	1 55	57	1 57	58	1 58	59	2 0	60
1	30	2 43	54	2 45	56	2 47	56	2 50	57	2 52	58	2 55	58	2 57	60	3 0	60
2	0	3 37	55	3 41	54	3 43	56	3 47	56	3 50	58	3 53	59	3 57	59	4 0	60
2	30	4 32	54	4 35	56	4 39	57	4 43	57	4 48	57	4 52	58	4 56	59	5 0	60
3	0	5 26	55	5 31	55	5 36	56	5 40	57	5 45	57	5 50	58	5 55	60	6 0	61
3	30	6 21	55	6 26	56	6 32	56	6 37	57	6 42	58	6 48	59	6 55	59	7 1	60
4	0	7 16	55	7 22	55	7 28	56	7 34	57	7 40	58	7 47	59	7 54	60	8 1	61
4	30	8 11	54	8 17	56	8 24	56	8 31	57	8 38	59	8 46	59	8 54	59	9 2	60
5	0	9 5	55	9 13	55	9 20	57	9 28	57	9 37	57	9 45	59	9 53	60	10 2	61
5	30	10 0	55	10 8	56	10 17	56	10 25	57	10 34	58	10 44	59	10 53	60	11 3	61
6	0	10 55	55	11 4	56	11 13	57	11 22	58	11 32	58	11 43	59	11 53	60	12 4	61
6	30	11 50	55	12 0	56	12 10	57	12 20	58	12 30	59	12 42	59	12 53	60	13 5	61
7	0	12 45	56	12 56	56	13 7	57	13 18	57	13 29	59	13 41	60	13 53	61	14 6	62
7	30	13 41	55	13 52	56	14 4	57	14 15	58	14 28	59	14 41	60	14 54	61	15 8	62
8	0	14 36	56	14 48	57	15 1	57	15 13	59	15 27	59	15 41	60	15 55	61	16 10	62
8	30	15 32	56	15 45	57	15 58	58	16 12	58	16 26	59	16 41	60	16 56	61	17 12	62
9	0	16 28	56	16 42	57	16 56	57	17 10	58	17 25	60	17 41	60	17 57	62	18 14	63
9	30	17 24	56	17 39	57	17 53	58	18 8	60	18 25	60	18 41	61	18 59	61	19 17	62
10	0	18 20	57	18 36	57	18 51	59	19 8	59	19 25	60	19 42	61	20 0	63	20 19	64
10	30	19 17	56	19 33	58	19 50	58	20 7	60	20 25	60	20 43	61	21 3	62	21 23	63
11	0	20 13	58	20 31	57	20 48	59	21 7	59	21 25	61	21 44	63	22 5	63	22 26	64
11	30	21 11	57	21 28	58	21 47	59	22 6	60	22 26	61	22 47	62	23 8	63	23 30	64
12	0	22 8	57	22 26	59	22 46	59	23 6	60	23 27	61	23 49	62	24 11	63	24 34	64
12	30	23 5	58	23 25	58	23 45	60	24 6	61	24 28	62	24 51	63	25 14	65	25 38	66
13	0	24 3	58	24 23	60	24 45	60	25 7	61	25 30	62	25 54	62	26 19	66	26 44	66
13	30	25 1	59	25 23	59	25 45	61	26 8	62	26 32	63	26 56	65	27 25	63	27 50	66
14	0	26 0	59	26 22	60	26 46	60	27 10	61	27 35	63	28 1	65	28 28	66	28 56	67
14	30	26 59	59	27 22	60	27 46	62	28 11	63	28 38	63	29 6	64	29 34	66	30 3	67
15	0	27 58	60	28 22	61	28 48	62	29 14	63	29 41	65	30 10	66	30 40	66	31 10	68
15	30	28 58	60	29 23	61	29 50	62	30 17	63	30 46	64	31 16	65	31 46	68	32 18	69
16	0	29 58	60	30 24	62	30 52	63	31 20	65	31 50	66	32 21	67	32 54	68	33 27	70
16	30	30 58	61	31 26	62	31 55	63	32 25	64	32 56	66	33 28	67	34 2	68	34 37	70
17	0	31 59	62	32 28	62	32 58	64	33 29	66	34 2	66	34 35	68	35 10	70	35 47	71
17	30	33 1	62	33 30	64	34 2	64	34 35	65	35 8	67	35 43	69	36 20	70	36 58	72
18	0	34 3	31	34 34	32	35 6	33	35 40	34	36 15	34	36 52	35	37 30	36	38 10	37
18	15	34 34	32	35 6	32	35 39	33	36 14	34	36 49	35	37 27	35	38 6	36	38 47	37
18	30	35 6	31	35 38	32	36 12	33	36 48	33	37 24	34	38 2	35	38 42	36	39 24	36
18	45	35 37	32	36 10	32	36 45	33	37 21	33	37 58	34	38 37	35	39 18	36	40 0	37
19	0	36 9	32	36 42	33	37 18	33	37 54	34	38 32	35	39 12	36	39 54	37	40 37	38
19	15	36 41	32	37 15	33	37 51	33	38 28	35	39 7	36	39 48	36	40 31	37	41 15	38
19	30	37 13	32	37 48	33	38 24	34	39 3	34	39 43	35	40 24	36	41 8	37	41 53	38
19	45	37 45	33	38 21	33	38 58	34	39 37	35	40 18	36	41 0	37	41 45	37	42 31	39
20	0	38 18	32	38 54	33	39 32	34	40 12	35	40 54	35	41 37	36	42 22	38	43 10	39
20	15	38 50	33	39 27	34	40 6	35	40 47	35	41 29	36	42 13	37	43 0	38	43 49	39
20	30	39 23	33	40 1	34	40 41	34	41 22	35	42 5	36	42 50	38	43 38	38	44 28	39
20	45	39 56	33	40 35	34	41 15	35	41 57	36	42 41	37	43 28	38	44 16	39	45 7	40
21	0	40 29	34	41 9	34	41 50	35	42 33	36	43 18	37	44 6	38	44 55	39	45 47	40
21	15	41 3	34	41 43	35	42 25	36	43 9	37	43 55	38	44 44	38	45 34	40	46 27	41
21	30	41 37	34	42 18	34	43 1	35	43 46	36	44 33	37	45 22	39	46 14	40	47 8	42
21	45	42 11	34	42 52	35	43 36	36	44 22	37	45 10	38	46 1	39	46 54	40	47 50	42
22	0	42 45	34	43 27	35	44 12	36	44 59	37	45 48	38	46 40	39	47 34	41	48 32	42
22	15	43 19	35	44 2	36	44 48	37	45 36	38	46 26	39	47 19	40	48 15	42	49 14	43
22	30	43 54	35	44 38	36	45 25	37	46 14	38	47 5	39	47 59	41	48 57	41	49 57	43
22	45	44 29	35	45 14	37	46 2	37	46 52	38	47 44	40	48 40	41	49 38	42	50 40	44
23	0	45 4	36	45 51	36	46 39	38	47 30	39	48 24	40	49 21	41	50 20	43	51 24	45
23	15	45 40	36	46 27	37	47 17	38	48 9	39	49 4	41	50 2	42	51 3	44	52 9	45
23	30	46 16	36	47 4	37	47 55	38	48 48	40	49 45	40	50 44	42	51 47	44	52 54	46
23	45	46 52		47 41		48 33		49 28		50 25		51 26		52 31		53 40	

FIN DES TABLES.

Fig. 1. 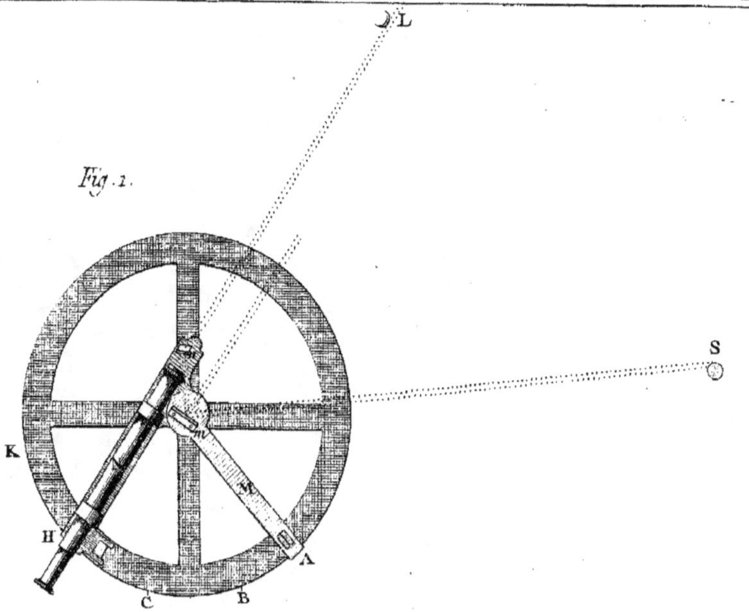
L
S
K
H
M
A
C
B
Fig. 2. 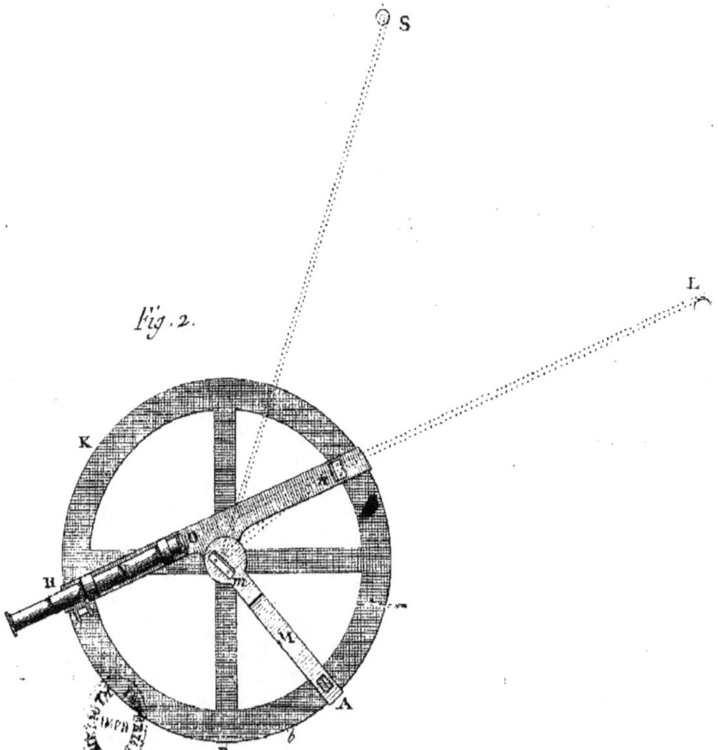
S
L
K
H
O
m
M
A
B
Gaitte Sculp.

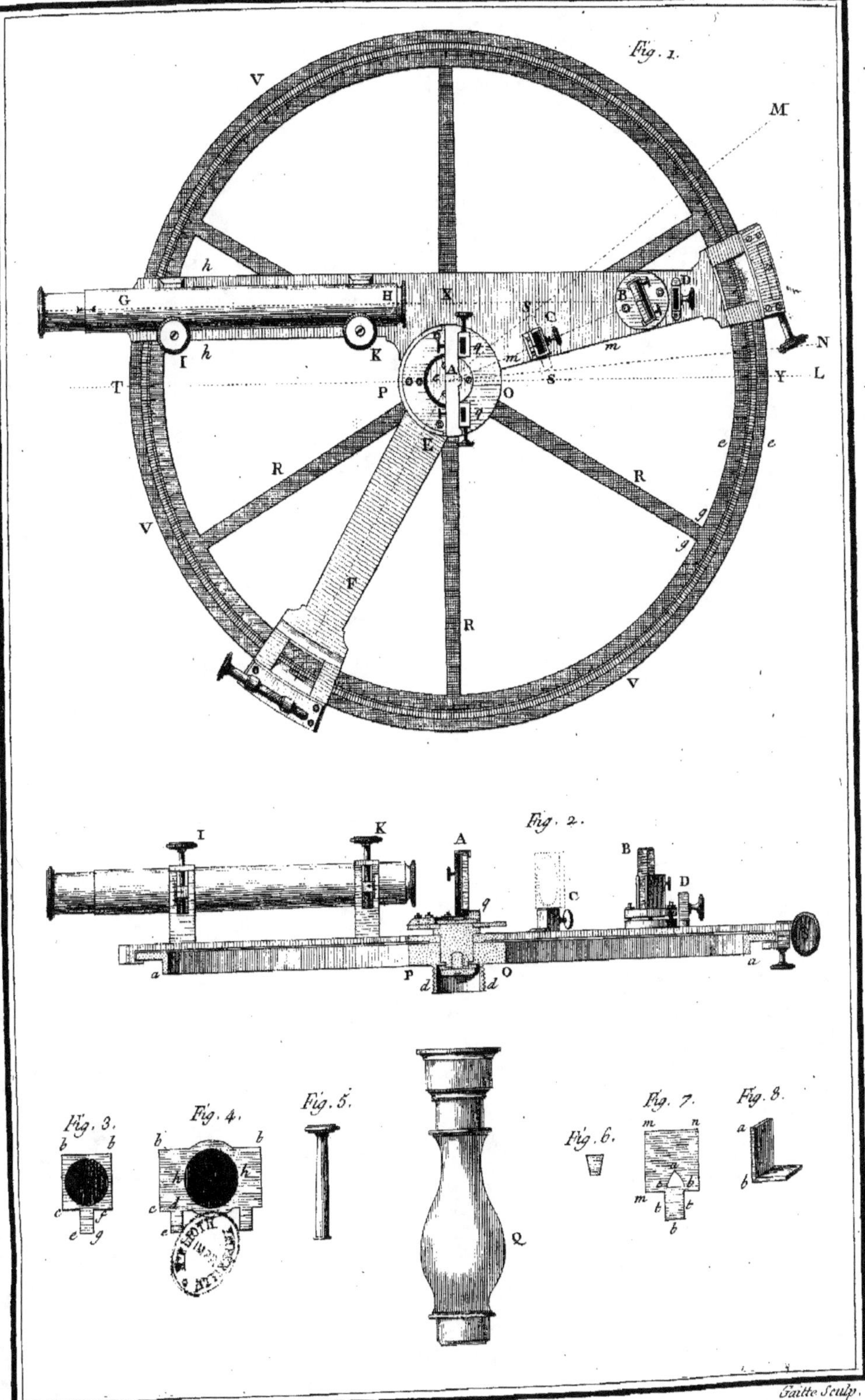
Fig. 1.
Fig. 2.
Fig. 3.
Fig. 4.
Fig. 5.
Fig. 6.
Fig. 7.
Fig. 8.
Gaitte Sculp.

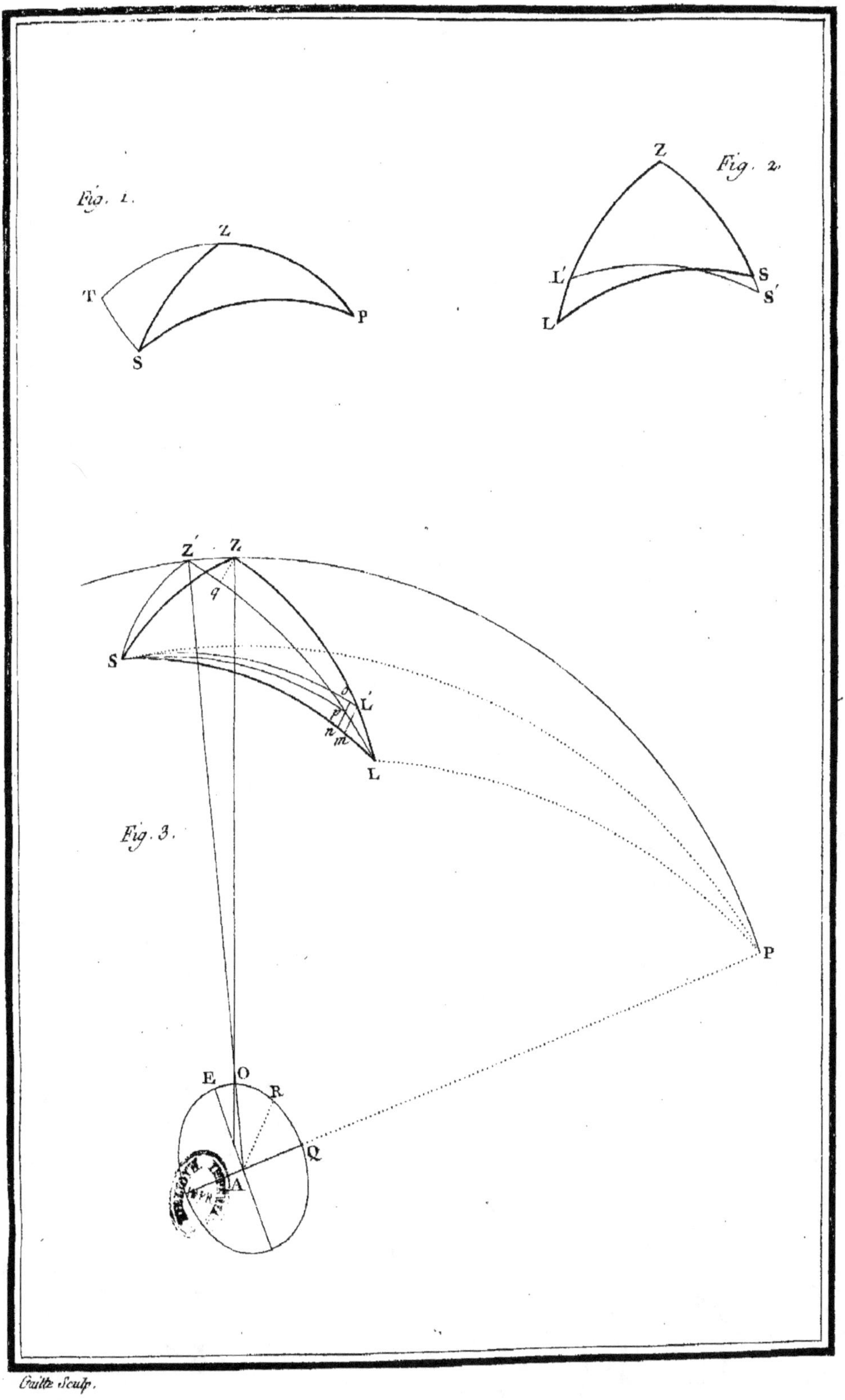

Fig. 1.
Z
T
P
S
Fig. 2.
Z
L'
S
S'
L
Fig. 3.
Z'
Z
q
S
o
L'
p
n
m
L
P
E
O
R
Q
A

9 782329 772646